Erwin Neu
Aus Sternenstaub

ERWIN NEU

Aus Sternenstaub

Die Reise zum Ursprung
des Menschen

Kösel

Zahlreiche schwarzweiße Abbildungen und acht Farbtafeln mit Bildbeschreibungen von Cordula Hesselbarth, Münster.

ISBN 3-466-20426-7
© 1997 by Kösel-Verlag GmbH & Co., München
Printed in Germany. Alle Rechte vorbehalten
Druck und Bindung: Kösel, Kempten
Umschlaggestaltung: Kaselow Design, München
Umschlagmotiv: Blick auf unsere Galaxis,
© Bildagentur Astrofoto, Dipl.-Phys. Bernd Koch, Leichlingen,
in Komposition mit der Zeichnung von Leonardo da Vinci (1485-90)
an der Stelle, wo die Erde kreist.

2 3 4 5 · 01 00 99 98

Gedruckt auf umweltfreundlich hergestelltem Bilderdruckpapier
(säurefrei und chlorfrei gebleicht)

Die neue Physik weist kraftvoll
in eine neue Denkrichtung.
Sie zeigt uns ein Weltall,
das viel mehr ist als ein kolossaler,
sinnleerer Zufall.

Paul Davies

*Das zu zeigen, ist der Sinn
dieses Buches und der gleichnamigen Fernsehserie.*

*Gewidmet sei dieses Buch
meiner Frau Vera
als Dank für ihre hilfreichen Anregungen;
meinem Lektor Dr. Bogdan Snela
und Raimund Ulbrich,
dem Abteilungsleiter im SWF Baden-Baden,
die die Entwicklung dieses Buches und der Fernsehserie
mit großem persönlichen Engagement begleitet haben;
Dank auch Cordula Hesselbarth
für die ideenreichen Illustrationen.*

Inhalt

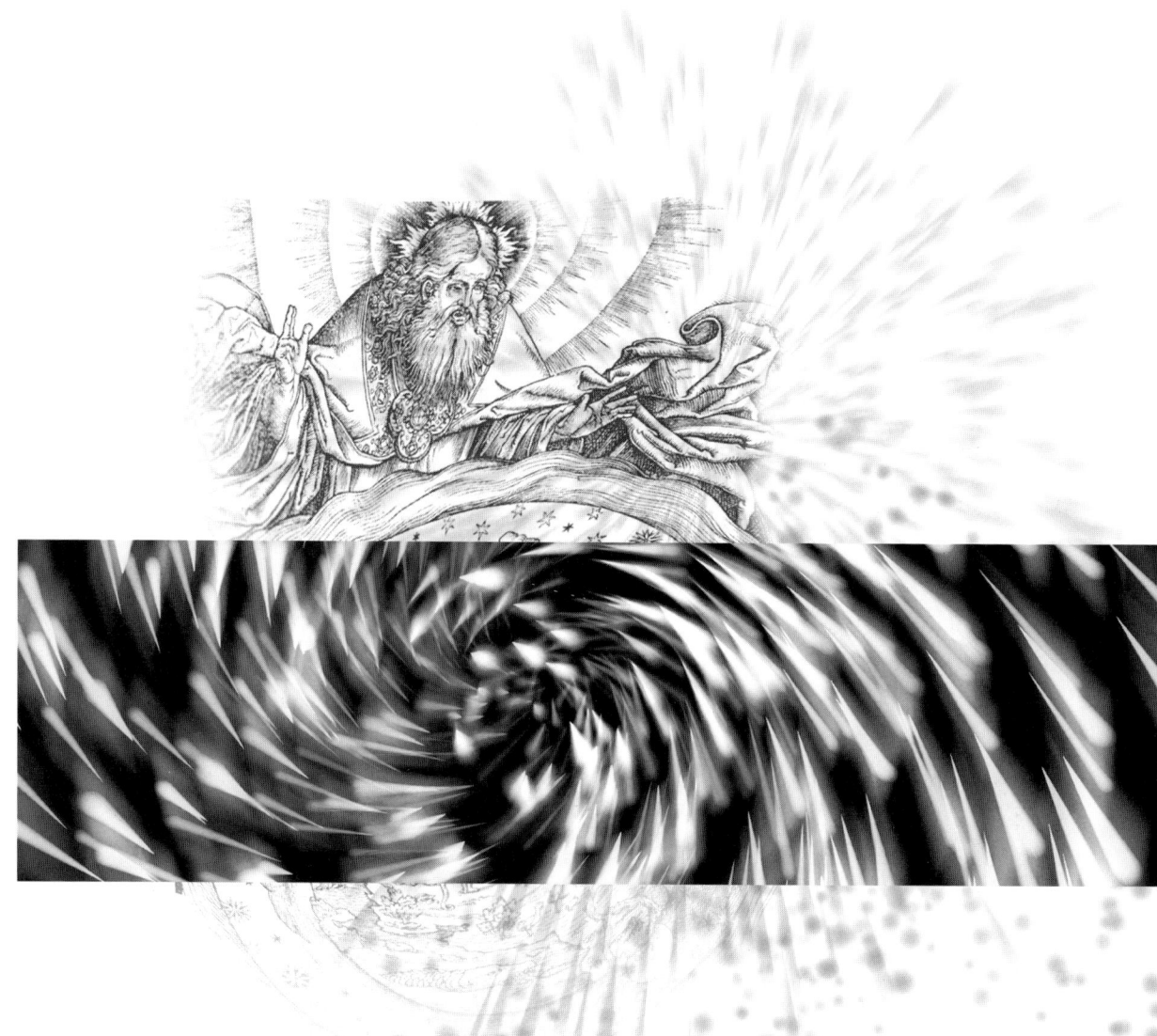

Prolog: Worauf es ankommt

Der Mensch ist das einzige Lebewesen, das über sich selbst nachdenkt: Woher komme ist? Wohin gehe ich? Wozu bin ich? Der Erfolg des Buches »Sofies Welt« zeigt, dass diese uralten Fragen auch heute noch Menschen bewegen.

Alle Religionen und Philosophien können letztendlich als ein Versuch des Menschen angesehen werden, auf diese Fragen dauerhafte und tragfähige Antworten zu finden. Der christliche Glaube macht da keine Ausnahme.

Aber Religion, Glaube und Philosophie haben sich in den Augen nicht weniger Menschen als untauglich erwiesen, die Welt annehmbar zu deuten. Zu viel Rätselhaftes, zu viel Unaufgelöstes muten sie dem menschlichen Verstande zu. Anders die Naturwissenschaften. Sie versprechen ihm genau hier Hilfe. Ihre Logik und Exaktheit lassen scheinbar nichts ungeklärt. Und wo Glaube und Kirche Tabus aufbauen, räumen sie reuelos mit alten Vorstellungen auf. Sie machen hell, wo es vorher dunkel war. Kein Wunder also, dass vor allem die katholische Kirche immer wieder allzu schnell bereit war, die Naturwissenschaften zu verteufeln mitsamt ihren Anhängern. Aber die von beiden Seiten liebevoll gehegte Hassbeziehung ermüdet. Wissenschaftler erfahren, dass sie an Grenzen stoßen, wo ihnen Messen und Beobachten nicht mehr weiterhelfen, und sie wieder plötzlich zu philosophieren beginnen. Die Theologen umgekehrt erkennen, dass es der Wissenschaft genauso um die Wahrheit geht wie der Theologie, so dass es nicht nur nützlich, sondern geradezu notwendig ist, die Welt und den Menschen von verschiedenen Standpunkten aus zu deuten. Denn nur so ist das Überleben zu sichern.

Die Abbildung zeigt die gegensätzlichen Schöpfungsvorstellungen von Kirche und Wissenschaft. Sie ist eine Collage aus der Genesisdarstellung von Lucas Cranach in Verbindung mit einer dynamischen modernen Urknall-Simulation. Die Komposition des Bildes spiegelt die innere Spannung wider, die zwischen Glaube und Wissenschaft lange Zeit geherrscht hat.

Diese neue Sichtweise, die Wissenschaft, die Philosophie und Theologie zu vereinen sucht, ist das Grundmodell dieses Buches – und der Fernsehserie »Aus Sternenstaub – Die Reise zum Ursprung des Menschen«.

Ihr Ausgangspunkt ist der Mensch hier auf der Erde als Produkt der Evolution. Angesichts der ungeheuren Dimension des Evolutionsprozesses und seiner Offenheit in Richtung Zukunft drängt sich die Frage auf: Wann und warum begann dieser Prozess? Warum ist überhaupt etwas und nicht nichts? Der Mensch seinerseits kommt nicht umhin zu fragen: Welche Rolle spiele ich in diesem Prozess, der ohne mich begann? Was sagt der Prozess über mich aus? Sagt er überhaupt etwas aus? Und was ist mit den Antworten der Religionen? Formulieren sie eher die Ängste des Menschen oder sagen sie Wahres aus, sei es im Gewande des Mythos, der Heilslehre oder des Dogmas? Wie ist in diesem Zusammenhang das christliche Weltbild zu werten, das in Jesus nicht nur einen herausragenden Menschen verehrt, sondern eine kosmische personale Größe, auf die hin die Evolution ausgerichtet ist als Punkt Omega, der als Ende zugleich den Anfang wirkt?

Raimund Ulbrich [1], Südwestfunk Baden-Baden

I
Im Anfang war der Knall

NORD
Stundenring.
M E R I D I A N
oder
OST
A
B
F
f
d
b
a
β
E'

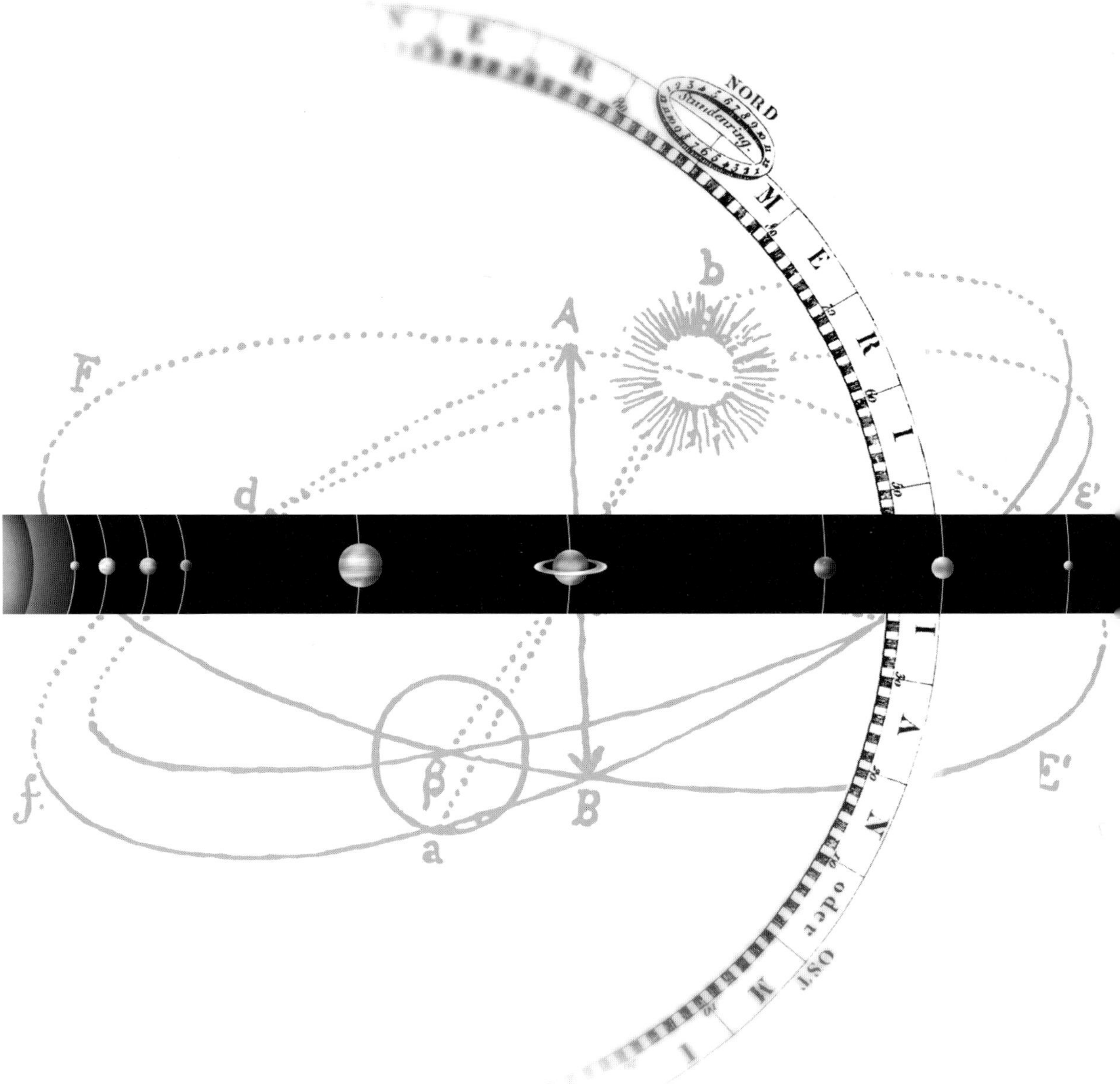

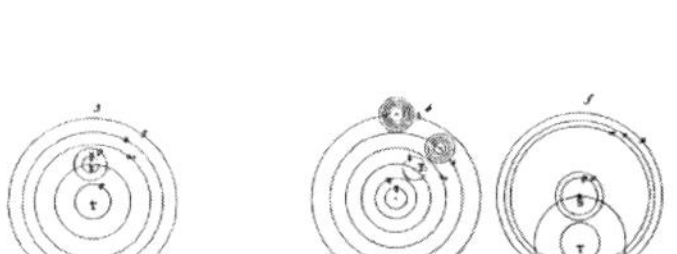

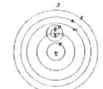

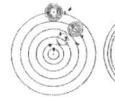

Vorüberlegung

Leben kann man nur vorwärts, Leben verstehen nur rückwärts! – So schreibt S. Kierkegaard. Wenn wir unser Leben verstehen und den Sinn unseres Lebens erkennen wollen, müssen wir die inneren Zusammenhänge kennen und verstehen, die das Leben – und damit auch uns – hervorgebracht haben.

Unter diesem Gesichtspunkt betrachten wir die Entwicklungsgeschichte (Evolution) vom »Urknall« bis hin zu uns Menschen. Es sind nicht nur zufällige Ereignisse, die sich aneinander reihen. Es gibt zahlreiche innere Zusammenhänge, die die Evolution als eine »Geschichte der Vorbereitung, der Entstehung und Entfaltung des Lebens und des Geistes« deuten lassen. Es ist ein schöpferischer Prozess, der immer wieder Neues und Unerwartetes hervorbrachte. Zu diesem Neuen und Unerwarteten gehört auch der Mensch.

Ganz gleich zu welcher persönlichen Überzeugung wir kommen – die Überlegungen über den Anfang und die Geschichte des Universums können uns nachdenklich machen: Hat das ganze Geschehen einen Sinn? Wenn ja, was bedeutet das für mein persönliches Leben? Wie wichtig diese Frage ist und ihre Beantwortung, zeigen die zahlreichen Tagungen, die ich zu diesem Thema halten durfte. Viele Überlegungen sind daher auch das Ergebnis von Gesprächen mit Menschen, die – wie ich – auf der Suche nach dem Sinn des Lebens sind und denen der Zugang über naturwissenschaftliche, philosophische und theologische Überlegungen hilfreich war.

Die Abbildung stellt die Größenverhältnisse in unserer Milchstraße dar, sowie ältere Sichtweisen des Sonnensystems. Diese und zahlreiche weitere Illustrationen dieses Buches verdeutlichen den Inhalt einzelner Themen. Darüber hinaus laden sie zum Innehalten und Meditieren ein. Der Inhalt dieses Buches will ja nicht nur »verstanden«, sondern auch »verinnerlicht« werden.

1 Vom Urknall bis zum Menschen

Im Anfang gab es nichts
weder Raum
noch Zeit.
Das ganze Universum verdichtet
auf den Raum eines Atomkerns ...
und sogar noch kleiner,
ein unendlich dichter mathematischer Punkt.

Und es geschah der Urknall.

Ernesto Cardenal [2]

»Und es geschah der Urknall«

Dort oben rufen die Sterne
und laden uns ein zum Erwachen,
zur Evolution,
zum Aufbruch in den Kosmos ...

Ernesto Cardenal [3]

Der Mensch steht am Ende einer geschichtlichen und biologischen Entwicklung, die vor 11 bis 15 Milliarden[4] Jahren begann und einen spannenden und dramatischen Verlauf nahm. Es war eine Entwicklung voller Überraschungen.
Wenn wir an einem Abend oder in der Nacht zu den Sternen schauen, denken wir nicht daran, dass der Blick in die Weite des Alls gleichzeitig ein Blick in die Vergangenheit ist. Wir sehen nämlich nicht das, was an diesem Abend im All geschieht, sondern das, was damals geschah, als das Licht ausgestrahlt wurde. Wenn wir zum

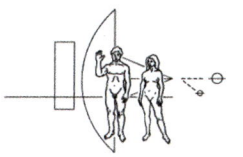

Zum Nachdenken

Gibt es eine Einheit in der Natur?
Lässt sich ein Plan erahnen,
der im Urknall zugrundegelegt wurde
und auch uns Menschen einschließt –
Menschen mit Selbstbewusstsein und freiem Willen?
Wir wollen es wissen.
Auch die Naturwissenschaft fragt danach.
Sie stellt fest:
Zahlreiche Einzelerkenntnisse
auf den verschiedensten Gebieten
ergänzen sich – wie beim Kreuzworträtsel.
Es sind dieselben Gesetze,
die den unvorstellbar großen Weltraum
– den Makrokosmos –
mit der unvorstellbar kleinen Welt der Atome
– dem Mikrokosmos –
zu einer Einheit verbinden.
Auch wir Menschen gehören mit zu dieser Einheit.

Die Farbillustration spielt mit der Thematik »Mikrokosmos – Makrokosmos«. Sie lädt ein zur Meditation über die Formenverwandtschaft der verschiedenen Spiralformen von Galaxien und Ammoniten. Es wird visuell eine Brücke geschlagen von der Milchstraße über das Fossil zum modernen Menschen. Die Menschendarstellung stammt aus dem Piktogramm, das von der Sonde Pioneer 10 ins All geschickt wurde.

Beispiel den Stern Alpha Centauri leuchten sehen – es ist der Stern, der unserm Sonnensystem am nächsten steht –, so empfangen wir jene Strahlen, die er vor 4,3 Jahren ausgestrahlt hat. Denn so lange braucht das Licht, wenn es von diesem Stern zur Erde gelangen will. Mit unsern Teleskopen können wir Sterne beobachten, die 11 bis 15 Milliarden Lichtjahre von uns entfernt sind. Das ist die Entfernung, die das Licht in 11 bis 15 Milliarden Jahren zurücklegt – eine für uns unvorstellbare Entfernung, wenn wir bedenken, dass das Licht bereits in einer Sekunde 300 000 Kilometer zurücklegt. So umrundet es den Äquator, der 40 000 Kilometer lang ist, in einer einzigen Sekunde(!) mehr als acht mal.

In einer Entfernung von 11 bis 15 Milliarden Lichtjahren[5] nimmt die Häufigkeit der Milchstraßen stark ab. Das stellt uns vor die Frage: Liegt es an unsern Teleskopen, dass wir das Weltall nur bis in diese Entfernung erforschen können? Oder können wir in dieser Entfernung von 15 Milliarden Lichtjahren deshalb keine Sterne mehr sehen, weil es vor 15 Milliarden Jahren noch keine gab?

Die Antwort gibt uns eine merkwürdige Beobachtungstatsache: Alle Milchstraßen (Galaxien) zeigen eine Fluchtbewegung. Je weiter sie von uns entfernt sind, desto schneller bewegen sie sich von uns fort – einige sogar mit der außergewöhnlichen Geschwindigkeit von 100 Millionen Kilometern in der Stunde.

Die Sternensysteme entfernen sich voneinander wie Farbtupfer auf einem Luftballon, der aufgeblasen wird. Ein anderes Modell kann diese Tatsache weiter verdeutlichen: Denken wir uns einen Kuchenteig, der gleichmäßig mit Rosinen durchmischt wurde. Beim Backen geht der Teig auf, so dass die Abstände zwischen den einzelnen Rosinen wachsen. Könnten wir uns auf eine spezielle Rosine setzen, hätten wir den Eindruck, als würden sich alle anderen Rosinen von uns fort bewegen. Ersetzen wir das Wort »Rosine« durch das Wort »Milchstraße«, so haben wir die Situation beschrieben, die wir im Universum vorfinden.

Woher wissen wir das?

Wenn wir an einem Bahnübergang auf das Vorbeifahren einer Lokomotive warten, machen wir folgende Beobachtung: der Ton der sich nähernden Lokomotive wird immer höher und sinkt dann wieder ab, wenn die Lok an uns vorbeigefahren ist und sich entfernt. In der Physik (Akustik) nennt man diese Erscheinung den »Dopplereffekt«. Er ist mit dem Wellencharakter des Schalls zu erklären. Beim Herannahen der Lokomotive werden die Wellen immer kürzer – der Ton höher –, beim Entfernen immer länger – der Ton dunkler. Wenn man das weiß, kann man an der Änderung der Tonhöhe feststellen, ob sich ein Zug nähert oder entfernt.

Was hier für die Schallwellen gilt, gilt ebenfalls für die Wellen des Lichtes. Bei der Beobachtung des Lichtes, das von den Sternen zu uns kommt, stellten Astronomen eine »Rotverschiebung« der bekannten Spektrallinien fest. Rotverschiebung bedeutet eine Verschiebung der Spektrallinien zu größeren Wellenlängen (rot) hin. Der Vergleich mit dem Dopplereffekt legt den Gedanken nahe, dass sich die Sterne und die Sternhaufen von uns fortbewegen. Die Geschwindigkeit ist umso größer, je weiter sich die Sterne von uns entfernt haben.

Das bedeutet: das Universum dehnt sich offensichtlich aus. Diese Beobachtung lässt vermuten, dass alle Materie ursprünglich in der ungeheuer dichten Form des »Uratoms« vereint war und dann explodierte. Es schleuderte nach allen Seiten Energie und dann Materie in den Raum, den Baustoff der jetzigen Sterne. Die Kosmologen sprechen von einem »Urknall«, der sich vor 11 bis 15 Milliarden Jahren ereignete und den Anfang des Universums darstellt.

Eine weitere wichtige Entdeckung bestätigte um die Mitte dieses Jahrhunderts diese Theorie: Wenn die gesamte Energie des Universums im Augenblick des Entstehens in einer ungeheuer dichten Form des »Uratoms« vereint war, sich dann ausdehnte und beim Ausdehnen abkühlte, dann müssen wir auch heute noch eine »Rest-Wärme« vorfinden. Diese Rest-Wärme – oder auch Hintergrundstrahlung genannt – wurde 1948 von US-Physikern errechnet und Mitte der sechziger Jahre tatsächlich entdeckt.

Wann entstand das Sonnensystem mit unserer Erde?

Wir wissen es nicht genau. Vieles spricht dafür, dass Sonne, Erde und die andern Planeten unseres Sonnensystems vor ungefähr 10 Milliarden Jahren aus einer riesigen Wolke aus dünnen Gasen und Staubteilchen bestand. Diese wirbelten durchs All. Durch die Anziehungskraft, die zwischen allen Körpern wirkt und durch Rotation (Drehimpuls) entstand mit der Zeit eine gewaltige Scheibe, die sich um ein Zentrum drehte. Während der Drehung teilte sich die Scheibe in einzelne Ringe: in der Mitte entstand die Sonne und in den äußeren Ringen bildeten sich »Bälle«, die sich verdichteten und dabei zur Weißglut erhitzten. Vor etwa fünf Milliarden Jahren begannen sie sich abzukühlen, und so wurden aus diesen Glutbällen Erde, Mars, Venus und die andern Planeten.

Ein Blick in die »Unendlichkeit« – die unvorstellbare Größe des Universums

Der Universum befindet sich
in unablässiger Evolution.

Rupert Sheldrake

Vorüberlegung

Wollen wir uns von der Größe des Universums eine Vorstellung machen, bleibt uns nichts anderes übrig, als mühsam einzelne Vergleiche aus dem Universum und über das Universum wie ein Puzzle oder wie ein Mosaik zusammenzusetzen. Nur die Gesamtheit von vielen Beispielen kann uns eine Ahnung vermitteln von der ungeheuren, an sich unvorstellbaren Größe des Alls. Unterziehen wir uns dieser Mühe. Es lohnt sich. Wer von den Lesern dieses Buches mit dem Verstehen von großen Zahlen Schwierigkeiten hat, kann die nächsten drei Seiten übergehen. Es ist keine Schande.

Kosmische Entfernungen

Um eine Vorstellung kosmischer Entfernungen zu gewinnen, wählen wir den Abstand Erde – Mond als einen Millimeter. In Wirklichkeit beträgt er 384 000 km. Dann ist die Sonne etwa 40 cm, der nächste Stern, Alpha Centauri, aber 100 km entfernt. Wenn wir nun den Abstand Sonne – Alpha Centauri nochmals auf 1 mm verkleinern, wäre unsere Milchstraße etwa 20 Meter groß, und die entferntesten der bisher bekannten Gebilde des Universums lägen in einem Abstand von 2 800 km. Um diesen Vergleich verstehen zu können, muss man wissen, dass der wahre Abstand Sonne – Alpha Centauri ca. 4.10^{13} km beträgt. Das sind 40 Billionen Kilometer. 40 Billionen ist eine 4 mit 13 Nullen.

Merkur
Venus
Erde
Mars
Jupiter

Saturn
Uranus
Neptun
Pluto

Unser Sonnensystem

Wir verkleinern das Sonnensystem so, dass die Sonne mit ihrem Durchmesser von 1,4 Millionen Kilometern nur noch so groß ist wie ein Markstück von 2,5 cm Durchmesser. Pluto, der äußerste Planet (s. Abbildung, die Reihenfolge der Planeten nach der Entfernung von der Sonne), der von der Sonne in Wirklichkeit 4275 bis 7525 Millionen Kilometer entfernt ist, wäre dann so klein wie ein Sandkorn und befände sich in einem Abstand von 120 Metern von unserer Sonne. Zwischen dem nächsten Stern, dem Alpha Centauri, und der Sonne ist in unserm Modell ein Abstand von mehr als 800 Kilometern. Dabei sind Sonne und Alpha Centauri nur zwei von rund einhundert Milliarden Sternen, die zu unserer Milchstraße (Galaxie) gehören.

Mit der Sonne umkreist auch unsere Erde das Zentrum der Milchstraße mit einer Geschwindigkeit von 220 Kilometern pro Sekunde. Trotz dieses irrsinnigen Tempos brauchen sie für einen einzigen Umlauf etwa 200 Millionen Jahre[6].

Das Sonnensystem, zu dem auch unsere Erde gehört, steht am Rande der Milchstraße. Die Abbildung verdeutlicht die enormen Größenverhältnisse und die schier unvorstellbare Winzigkeit unseres Planeten. Wie durch den Zoom einer Kamera betrachtet, wird unser Sonnensystem am Rande der Milchstraße fokussiert und der Ausschnitt vergrößert. Ein zweiter Zoom rückt die Erde näher ins Blickfeld.

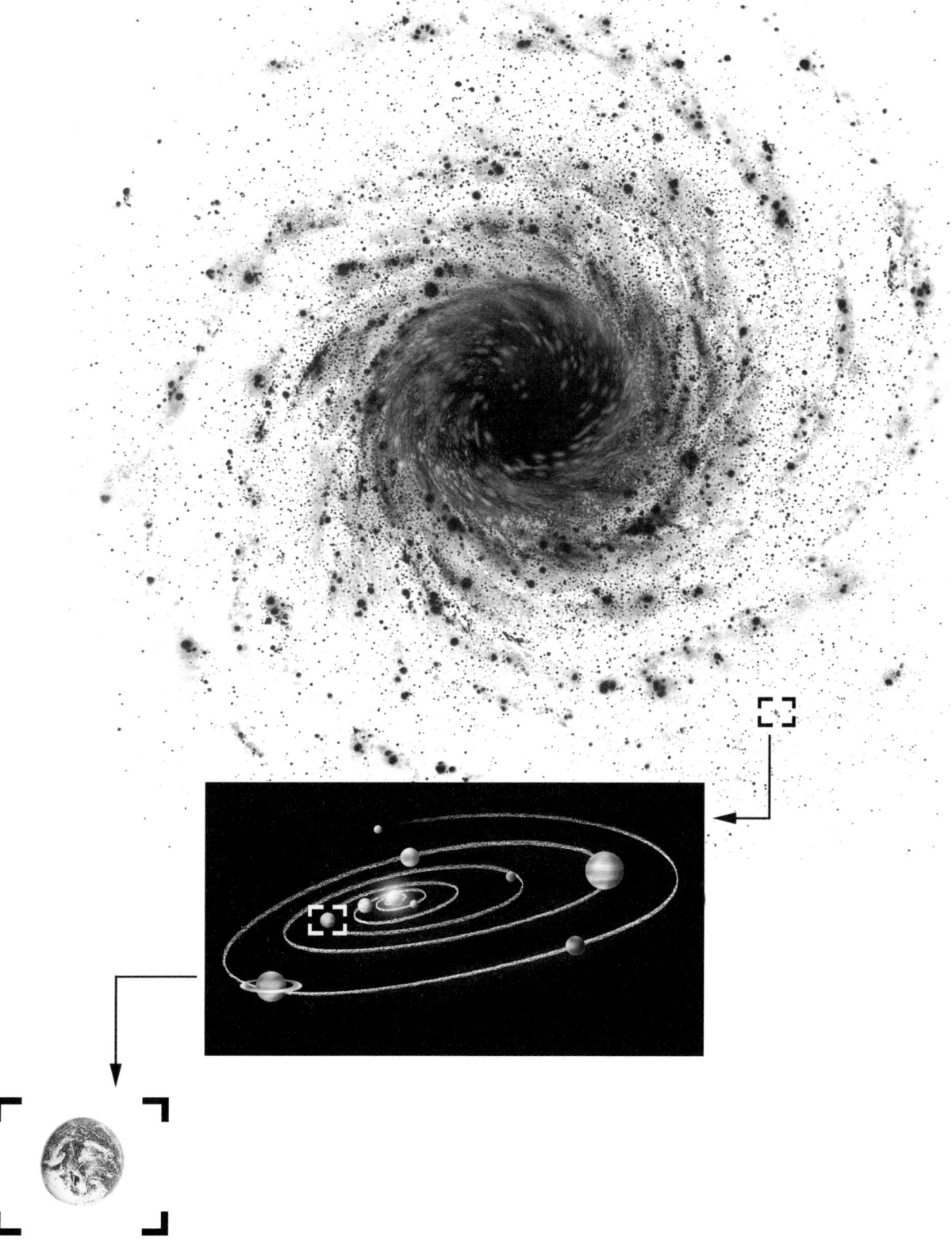

Unsere Milchstraße

Betrachten wir nun von diesen 100 Milliarden Galaxien unsere Milchstraße, die den nächtlichen Sternenhimmel beherrscht: Sie hat die Form eines Diskus, der in der Mitte 15 000 bis 20 000 Lichtjahre dick ist. Um von einem Ende der Milchstraße zum andern zu gelangen, braucht Licht, das in einer Sekunde 300 000 Kilometer zurücklegt, 100 000 Jahre! Zu unserer Milchstraße gehören etwa 100 Milliarden Sonnen. An ihrem äußersten Rande bewegt sich unsere Erde.

Eine Reise durchs Weltall

Wir machen in Gedanken eine Reise durchs Weltall. Unser Raumschiff soll sich mit Lichtgeschwindigkeit bewegen, was in Wirklichkeit natürlich nicht möglich ist. Das heißt: In einer Sekunde legt es 300 000 Kilometer zurück. Wir verlassen die Erde und erreichen in acht Minuten unsere Sonne. Nach weiteren vier Jahren fliegen wir am nächsten Stern Alpha Centauri vorbei. Auf unserm Flug begegnen wir dann alle 5 bis 10 Jahre einem neuen Stern. Nach 30 000 bis 50 000 Jahren haben wir das Zentrum der Milchstraße erreicht. Nach weiteren zwei Millionen Jahren gelangen wir zum nächsten Milchstraßensystem: der »Andromeda Galaxie«. Diese Milchstraße besteht aus 200 Milliarden Sonnen.

Außer unserer Milchstraße und der Andromeda Galaxie gibt es Tausende und Abertausende weiterer Galaxien. Mit unsern Teleskopen können wir 100 Milliarden erkennen, die teilweise 11 bis 15 Milliarden Lichtjahre von uns entfernt sind.

Innerhalb dieser kosmischen Gebilde erstrecken sich riesige Leerräume mit Durchmessern von 60 bis 140 Millionen Lichtjahren. In einem dieser »Löcher« hätte unsere Milchstraße, die eine Ausdehnung von 100 Tausend Lichtjahren hat, hintereinander gelegt bis zu 1500 mal Platz[7].

Trotzdem: Unsere Erde ist die »Mitte der Welt«

»Wie klein und unbedeutend erscheinen wir doch mit unserer Erde inmitten eines so unvorstellbar großen Sternenheeres! Und wie einsam und verloren schweben wir mit ihr durch die fast leeren, grenzenlosen Himmelsräume! Aber ist unser Heimatplanet im Vergleich zu seinen übrigen, von uns erforschbaren Sterngeschwistern wirklich so unbedeutend, wie es scheint? Nein, soweit wir bisher feststellen konnten, spielt er unter ihnen sogar eine ganz hervorragende Rolle. Unsere Mutter Erde ist tatsächlich einzigartig!«[8]

So konnte Werner Heisenberg sagen: »Im astronomischen Universum ist die Erde nur ein winziges Staubkörnchen in einem der unzähligen Milchstraßensysteme, für uns aber ist sie die Mitte der Welt – sie ist wirklich die Mitte der Welt.«[9]

Warum? Weil sie in der Lage war, Leben und Geist hervorzubringen. Wie konnte das geschehen?

Die Entstehung und Entfaltung des Lebens

(Die Erde) schuf sich selbst die Bedingungen,
Organismen zu haben,
und dann Organismen mit Bewusstsein,
Menschen...
Heiß und öde, rauchend, Lava speiend,
flüssiges Gas,
schien es, dass die Erde keine Zukunft hat.
Wer hätte gedacht, dass aus jener züngelnden Magma
Wälder hervorkommen sollten,
Städte, Gesänge und Sehnsucht?

Ernesto Cardenal[10]

Nichts außer Felsen, Meer und giftigen Gasen

Der Weg bis zur Entstehung des Lebens war noch sehr weit. Giftige Gase und lebensfeindliche Strahlen der Sonne gaben den Startschuss für eine Entwicklung, die sich in vielen Stufen vollzog: Es ist 4 Milliarden Jahre vor dem Auftreten des Menschen. Ein endloses Meer bedeckt mehr als zwei Drittel der Erdoberfläche. Den Rest nimmt ein einziger riesiger Kontinent ein, der aus braunen Felsen besteht und hier und da von hellen Flecken glitzernder Minerale unterbrochen wird. Fast überall speien Vulkane Staub und Dampf oder blutrote Lavaströme, die bald schwarz und hart werden. Das Klima ist tropisch und feucht mit örtlichen Nebeln, Wolken, Regenfällen und Gewitterstürmen. Wellen und Wind peitschen das Land.

In dieser Zeit lässt sich noch kein sichtbares oder hörbares Zeichen von Leben auf
der Erde feststellen. Das Meer ist unbelebt, das Land zeigt keine Spur von Grün. Die
Atmosphäre enthält keinen freien Sauerstoff zum Atmen: Sie besteht hauptsächlich
aus Wasserdampf, Wasserstoff und den beiden giftigen Gasen Ammoniak und Methan.
Die Sonne sendet unaufhörlich ihre lebensfeindlichen ultravioletten Strahlen auf die
Erde. In solch einer Umgebung kann sich kein Leben entwickeln. Und doch sind diese
Gifte und Strahlen Voraussetzung für das Entstehen von Leben, das sich in vielen
Stufen entwickelt:

Vom Blitz getroffen
Durch die UV-Strahlen der Sonne und die elektrischen Entladungen (Blitze) werden
die Moleküle der Gase aufgebrochen. Neue Bindungen entstehen und mit ihnen
größere, kompliziertere Moleküle. Aufgrund der von Anfang an in die Materie hi-
neingelegten Gesetze bilden sich Aminosäuren[11], die Bausteine des Lebens. Das Meer
wird reich an diesen Stoffen. Wissenschaftler nennen es daher »organische Suppe«
oder »Ursuppe«. Bis vor 3,5 Milliarden Jahren hatten sich im Meer die Rohstoffe für
das Leben angesammelt, aber Leben gab es noch nicht.

Doch die Entwicklung geht weiter
Als Nächstes fanden diese Moleküle in winzigen Strukturen zusammen und nahmen
eine Aufgabenteilung vor: einige Moleküle bildeten eine Schutzhaut, andere – vermeh-
rungsfähige – Moleküle fügten sich zu einem Erbinformationsträger im Innern zusammen. Es entstand die erste Zelle. Die Außenhaut sorgte dafür, dass nur solche Stoffe ins
Innere der Zelle gelangten, aus denen dann die fortpflanzungsfähigen Erbinformationsträger sich selbst teilen und vermehren konnten. So wurden durch Zellteilung aus einer
Zelle zwei Zellen. Bei jeder solchen Teilung bekommt die Tochterzelle das Erbgut der
Mutterzelle mit auf den Weg. Die Vermehrung und später die Fortpflanzung ist sicherlich eine der wichtigsten Erfindungen der Natur. Informationen, die im Erbgut der Zelle
vorhanden sind, werden an die nächste Generation weitergegeben.
Die Abbildung Seite 25 zeigt den Aufbau einer Zelle mit Kern, wie ihn elektronenop-
tische Aufnahmen nahe legen. Interessant ist der (grobe) Vergleich mit einer Fabrik.
Ist es nicht erstaunlich, welche Ideen die Natur bereits am Anfang der Evolution hatte?

Nicht nur das. Sie hatte nicht nur die Ideen, sie fand auch einen Weg, sie umzusetzen. Die Zelle ist ein sehr kompliziertes Gebilde, das nur dann seine Aufgaben erfüllen kann, wenn all seine Teile fehlerfrei zusammenwirken. Die Zelle hat im Normalfall eine Größe zwischen 0,01 und 0,2 Millimeter. »Dennoch besitzt sie ein Produktionsprogramm, das jedes Chemiegroßunternehmen in den Schatten stellen kann.«[12] Kein Wunder, dass Fred Hoyle dafür einen außergewöhnlichen Vergleich fand. Für ihn ist »die spontane Entstehung einer Zelle aus Molekülen nicht wahrscheinlicher als der zufällige Zusammenbau eines Jumbo-Jets aus dessen Einzelteilen auf einem Schrottplatz, wenn der Wirbelwind darüber hinwegfegte.«[13]

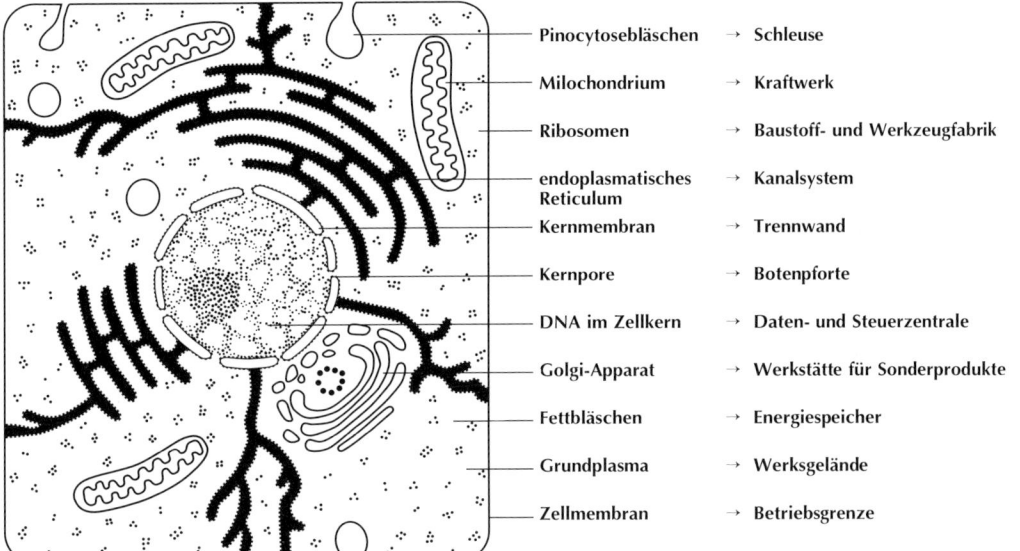

Pinocytosebläschen	→ Schleuse
Milochondrium	→ Kraftwerk
Ribosomen	→ Baustoff- und Werkzeugfabrik
endoplasmatisches Reticulum	→ Kanalsystem
Kernmembran	→ Trennwand
Kernpore	→ Botenpforte
DNA im Zellkern	→ Daten- und Steuerzentrale
Golgi-Apparat	→ Werkstätte für Sonderprodukte
Fettbläschen	→ Energiespeicher
Grundplasma	→ Werksgelände
Zellmembran	→ Betriebsgrenze

Ein unvorhergesehenes Energieproblem

Die zunächst sehr kleinen Lebewesen, die sich in der »Ursuppe« bildeten, können jedoch nicht durch Einatmen von Sauerstoff gelebt haben. Denn es gab noch keinen freien Sauerstoff in der Luft. Die Energie, die sie zum Leben brauchten, gewannen sie dadurch, dass sie die Stoffe der organischen Suppe durch Gärung zersetzten. Diesen Prozess wenden auch heute noch viele Bakterien und Pilze an. Die ersten Lebewesen ernährten sich also von denjenigen Stoffen, aus denen sie selbst entstanden waren.

Das hatte zur Folge, dass die organische Suppe des Meeres schließlich aufgezehrt wurde. Das bedeutet: Ende des Lebensprozesses, der gerade erst begonnen hatte. Aber diese Krise trat nicht ein. Die Natur hatte eine besondere Idee: sie gab bereits den einfachsten Lebewesen die Fähigkeit mit, sich den Forderungen der Umwelt anzupassen. Das geschah auch jetzt[14]:

Das Leben entdeckt das Sonnenlicht.
Bisher holten sich die Organismen ihre Energie durch Gärung aus der Ursuppe. Bei diesem Prozess bildet sich Kohlendioxid. Das sind Gasbläschen, die ein gegorenes Getränk wie Bier und Sekt beleben. Dieses Abfallprodukt der Gärung wurde vor etwa drei Milliarden Jahren zum Ausgangsprodukt für neue Lebensformen. In den mikroskopisch kleinen Lebewesen fand eine Mutation (Änderung im Erbgut) statt, wodurch sie die Kraftquelle der Sonne für ihr Wachstum und ihre Vermehrung nutzbar machen konnten. Über eine Vielzahl chemischer Reaktionen wurde nun aus den Rohstoffen Kohlendioxid und Wasser in den Zellen der Pflanzen Zucker hergestellt. Für diesen Vorgang benötigten die Zellen Energie, die sie mit Hilfe des grünen Farbstoffs Chlorophyll unmittelbar aus dem Sonnenlicht gewannen. Man bezeichnet diesen Vorgang Photosynthese. Aus dem gewonnenen Zucker baut die Zelle alle weiteren organischen Substanzen auf, die zu ihrem Wachstum erforderlich sind. Die Zellen waren nun in der Lage, die Sonnenenergie für ihre Lebensvorgänge zu nutzen.
Die Photosynthese war sicherlich ein großer Erfolg der Evolution. Sie hatte das Leben aus einer Sackgasse herausgeführt, stellte es aber vor ein neues schier unlösbares Problem. Wie die Gärung, so hinterließ auch die Photosynthese ein Abfallprodukt: den freien – aber schädlichen[15] – Sauerstoff. Die Erde war zunächst in der Lage, durch genügend Metalle und Schwefelverbindungen, die unter anderem aus vulkanischen Quellen stammen, den Sauerstoff zu binden. Über Millionen von Jahren ging es ganz gut so. Dann waren die Metalle gesättigt. Der Sauertoff sammelte sich in der Atmosphäre an und führte zu einer Sauerstoff-Umwelt-Verschmutzung – eine Katastrophe noch nie dagewesenen Umfangs. Unzählige Arten wurden vollständig ausgelöscht.

Die rettende Idee

Doch schließlich führte diese Sauerstoffkrise zu einer der großartigsten und erfolgreichsten Neuerungen in der Geschichte der Evolution und des Lebens[16]: In einem der größten Coups aller Zeiten erfanden die Bakterien ein Stoffwechselsystem, für das genau die Substanz benötigt wurde, die vorher schädlich war: die Sauerstoffatmung. Sie war eine genial wirksame Möglichkeit, den Sauerstoffgehalt der Luft zu regulieren. »Aber dieser Wandel wurde nicht von einer einzigen vernunftbegabten Spezies verursacht, die bewusst ihre eigenen materiellen Ziele verfolgte, sondern von zahllosen denkunfähigen Arten, die gemeinsam und unbewusst neue Stoffwechselwege in Gang setzten.«[17] Die Erzeugung von Sauerstoff durch Photosynthese und die Verwendung des freigewordenen Sauerstoffs durch die Atmung kamen so ins Gleichgewicht.

Nicht genug damit. Die Sauerstoff atmenden Lebewesen sorgten dafür, dass der Sauerstoffgehalt der Atmosphäre bei 21 Prozent lag. Fiele er unter 15 Prozent, könnten Organismen nicht atmen. Sie würden einfach ersticken. Wäre er über 25 Prozent, würde auf der Erde alles wie durch einen Feuersturm verbrennen. Das Leben auf unserer Erde hat es geschafft, den Sauerstoffgehalt so zu regulieren, wie ihn Pflanzen und Tiere seit Jahrmillionen benötigen. Auch hier zeigt sich: Das Leben ist ein Triumph der Genialität und Kreativität der Natur.

Zahlreiche neue Pflanzen und Tiere konnten nun entstehen und sich weiter entwickeln. Die Sauerstoff atmenden Tiere waren die frühesten Vorfahren des Menschen.

Außerdem baute sich im oberen Bereich der Atmosphäre eine Schicht aus Ozon[18] auf. Während bisher die lebensfeindlichen UV-Strahlen der Sonne in ihrer vollen Stärke die Erde erreichten – sie waren für die ersten Entwicklungsstufen auch notwendig –, bildete nun der Sauerstoff eine Ozonschicht, die das neue Leben schützte. »Das Leben schafft sich so einen Schutzschild, der das lebensnotwendige (weil Energie bringende) Licht der Sonne passieren lässt, aber den lebensfeindlichen Teil der Sonnenstrahlen abfängt.«[19]

Tabelle 1: Einige »Phasen« der Evolution

10.	**Säugetiere:**	das befruchtete Ei entwickelt sich im Körper der »Mutter«: Affen; Affenmenschen; Mensch
9.	**Reptilien:**	(Pflanzen- und Tierfresser): ihre Eier sind an Trockenheit angepasst
8.	**Amphibien:**	ihre Eier ertragen eine gewisse Trockenheit
7.	**Amphibien:**	(Frösche und Kröten): sie legen ihre Eier im Wasser ab
6.	**Tiere wandern aufs Land**	
5.	**Pflanzen »wandern« aufs Land**	
4.	**Freier Sauerstoff ermöglicht leistungsfähigere Lebewesen**	

Sauerstoffatmende Tiere = früheste Vorfahren des Menschen. Durch den freien Sauerstoff entsteht die Ozonschicht = Schutz vor UV-Strahlen der Sonne

3. Durch Photosynthese* gewinnt die Pflanze Zucker

* Photosynthese: Energiegewinnung aus dem Sonnenlicht mit Hilfe des Chlorophylls.

Pflanze baut mit Zucker weitere für das Wachstum wichtige Substanzen auf.

Bei der Photosynthese entsteht freier Sauerstoff als Abfallprodukt

2. Durch Gärung entsteht Energie

Es entstehen neue komplizierte Substanzen, die sich selbst vermehren können.

Sie holen ihre Energie zum Leben aus der Gärung = Zersetzung der »organischen Ursuppe« (vgl. Pilze, Bakterien). Dabei entsteht Energie und Kohlendioxid als Abfall

1. Entstehung der Aminosäure aus Wasserdampf, Wasser-Stoff, Ammoniak, Methan und Energie. Aminosäure = Bausteine des Lebens, Bausteine von Eiweiß, »Organische Suppe«

Ausgangssituation vor 4 Milliarden Jahren:

Klima: tropisch, Nebel, Wolken, Regen, Gewitter   } keine Spur von Leben

Vulkane speien Staub und Lava   kein Gedanke an Leben

2/3 der Erde = endloses Meer; Energie: Sonne (UV), Gewitter (Blitze)

Atmosphäre: Wasserdampf, Wasserstoff, Ammoniak, Methan – alles giftige Gase

Tabelle 2: Zeitlicher Ablauf der Evolution

vor 100 000 Jahren:	homo sapiens
vor 1,8 Millionen Jahren:	homo errectus – beginnende Gehirnspezialisierung, Sozialisation, Sprache, Kultur
vor 2,0 Millionen Jahren:	homo habilis
vor 14 Millionen Jahren:	Rama pithecus – erste Vorformen des Menschen
vor 75 Millionen Jahren:	Vögel
vor 200 Millionen Jahren:	Säugetiere
vor 300 Millionen Jahren:	Reptilien
vor 400 Millionen Jahren:	Amphibien
vor 500 Millionen Jahren:	die ersten Wirbeltiere und Warmblüter
vor 1 Milliarden Jahren:	vielzellige Tiere und Pflanzen; Entstehung der Sexualität
vor 1,5 Milliarden Jahren:	eukariotische Zellen als Grundbaustein für Tiere und Pflanzen
vor 2 Milliarden Jahren:	Bakterien
vor 2,5 Milliarden Jahren:	Auftreten der anaeroben Bakterien, der Bakterien, die keinen Sauerstoff benötigen; Zellen
vor 3 Milliarden Jahren:	die Hyperzyklen waren die Vorform von jenen Strukturen, die Vererbung möglich machten
vor 3,3 Milliarden Jahren:	Entstehung der Pränukleotiden und der Proteine
vor 3,5 Milliarden Jahren:	Bildung organischer Moleküle aus der Ursuppe

»Der Schritt aufs Land war die Reise auf einen anderen Planeten«[20]
Der Lebensraum im Wasser war für die zahlreichen Pflanzen und Tiere, die inzwischen entstanden waren, zu klein geworden. Neue Möglichkeiten mussten gesucht werden, wenn sich das Leben weiter entwickeln sollte. Aber wo? Der Gedanke lag nahe: ausweichen aufs Festland, das viel Platz bot. Das aber war leichter gesagt als getan. Und doch blieb nichts anderes übrig. Zahlreiche Probleme waren zu lösen. Neue Ideen waren gefragt. Wiederum war es die Natur, die den Anpassungsprozess ermöglichte.

Im Wasser brauchen Pflanzen keine tragenden Teile. Sie werden vom Wasser gehalten. Sie brauchen auch keinen Schutz vor Austrocknung. Mit diesen und vielen anderen Schwierigkeiten musste die Natur fertig werden. Und sie tat es, indem sie sich langsam »vortastete«. Zunächst entstanden Gräser und Schachtelhalme. Bald lernte sie es, feste Holzstämme zu entwickeln, die den Pflanzen Halt gaben. Im Innern der Holzstämme brachte ein »Wasserleitungssystem« Wasser und Nährstoffe aus dem Boden zur Krone. Um zu demonstrieren, wie klug die Natur gehandelt hat, als sich die Bäume entwickelten, nahm ich junge Menschen mit zu einem Brunnen, der nur im unteren Teil mit Wasser gefüllt war. Wie können wir das Wasser heben? Ganz einfach. Wir nahmen einen Eimer, banden ihn an einen Strick, ließen ihn in den Brunnen hinab, füllten ihn mit Wasser und zogen ihn hoch. Das war sicherlich eine Lösung. Sie setzt aber voraus, dass man einen Eimer und einen Strick zur Hand hat. Das hatte die Natur vor 400 Millionen Jahren sicherlich nicht. – Eine andere Lösung: Wir stellten einfach ein Rohr in den Brunnen. Auch das funktionierte nicht. Das Wasser kam nicht »von selbst« herauf. Schließlich kam einer auf die Idee, man müsse das Wasser durch das Rohr ansaugen. Genau das ist es, was die Natur – ohne Anregung von außen – getan hat. Sie saugt das Wasser mit den darin enthaltenden Nährstoffen aus dem Boden durch den Stamm in die Blätter. Die Blätter lassen das Wasser verdunsten. Sie sorgen dafür, dass ein Unterdruck entsteht, der ständig Wasser in die Krone nachliefert. Die Frage bleibt noch offen: Wieviel Wasser braucht denn ein Baum? Auch daran hat die Natur gedacht. Auf den Blättern sind kleine »Pfropfen« angebracht, die den Wasserhaushalt regulieren. So einfach ist das, wenn man die entsprechende Idee hat und die Möglichkeit sie umzusetzen.

Und die Tiere? Auch sie machten sich im Wasser ihren Lebensraum streitig. Auch ihnen blieb nichts anderes übrig als einen Ausweg zu suchen. Und sie fanden ihn: Innerhalb weniger Millionen Jahre verwandelte sich das Land in einen reichgedeckten Tisch für jedes Tier, das sich dorthin wagen würde. Somit waren die Voraussetzungen für den Auszug aufs Land geschaffen.

Für die Tiere war dieser Schritt – ähnlich wie vorher für die Pflanzen – ein sehr komplizierter Vorgang. Im Wasser wurden die Fische getragen. An Land mussten sie nun mit den Problemen der Schwerkraft und der Austrocknung fertig werden. »Mit welchen Risiken der Auszug aus dem Wasser verbunden ist, lässt sich auch heute beobachten: Wenn ein Tonnen schwerer Wal an den Strand geschwemmt wird, stirbt er nicht, weil er erstickt, denn auch er ist ja mit einer Lunge ausgestattet. Er verendet, weil er von seinem eigenen Körpergewicht erdrückt wird.

Wenn das Leben aber an Land eine Chance haben sollte, dann brauchten die Tiere einen Körperbau, der mit ganz ungewohnten Belastungen fertig wurde. Sie konnten ihr gigantisches Körpergewicht tragen, weil ihre Wirbelsäule bogenförmig konstruiert war wie eine Brücke. Ein Prinzip, das sich bis heute gehalten hat.«[21]

Auch Sinnesorgane mussten geändert werden. Zunächst das Auge: Die Lichtbrechung im Wasser ist anders als die in der Luft. Während die Fische das Auge aus dem Meer mitbrachten, musste das Ohr als ein noch komplizierteres Organ völlig neu entwickelt werden. Das war sehr wichtig. Das Ohr nimmt Schallsignale auf, die es weiterleitet und überwacht die Bewegungen des Körpers, damit dieser nicht das Gleichgewicht verliert. Wenn man bedenkt, wie kompliziert die Aufgaben sind, die allein Auge und Ohr erfüllen, kann man sich leicht vorstellen, wie viele einzelne Schritte nötig waren, bis beide Organe (um-)konstruiert und funktionsfähig waren.

Die ersten Fische, die den Schritt aufs Land wagten, waren die Schlammspringer. Im Laufe der Zeit entstanden Lebewesen mit einer völlig neuen Lebensweise. Es waren die Amphibien. Auf dem Weg zum Menschen war dieser Schritt von großer Bedeutung: Ein solches Tier schlüpfte aus dem Ei, das im Wasser abgelegt war. Nach dem Kaulquappenstadium verschwanden Schwanz und Kiemen, und an den Seiten bildeten sich Beine. Das Tier kletterte aus dem Wasser, legte aber seine Eier weiterhin im Wasser ab. An diese Lebensform erinnern uns heute noch Frösche und Kröten.

Irgendwann geschah es, dass eine Amphibienart Eier legte, die einen gewissen Grad an Trockenheit ertrugen, ja, die sogar gänzlich unabhängig wurden von der feuchten Umgebung des Wassers. Das Ei selbst war ein wunderbarer Miniaturteich, in dem die Jungen heranwachsen konnten, bis sie alt genug waren, um für sich selbst zu sorgen. Aus diesen Amphibien entwickelten sich schließlich die Reptilien. Zu ihnen gehören große und kleine Pflanzen- und Tierfresser. Das noch geheimnisvollste Ereignis in der Geschichte des Lebens war das Auftreten der Säugetiere. Während sich bisher das befruchtete Ei außerhalb des weiblichen Körpers entwickelte, konnte es nun im Körper der »Mutter« heranreifen. Zu den Säugetieren gehören die Affen und Menschenaffen, die Vorfahren der Menschen.

Die Unterschiede zwischen Reptilien und Säugetieren sind beträchtlich. Reptilien sind Kaltblüter. Sie sind darauf angewiesen, dass ihre Körpertemperatur durch äußere Wärmequellen auf die jeweils erforderliche Höhe gebracht wird. Jeden Morgen wärmen sie sich auf, bevor sie aktiv werden. Am Abend verlieren sie rasch wieder ihre Körperwärme, weil sie über keinerlei Isolierung verfügen. Diese würde die Wärmeaufnahme am Morgen behindern. Säugetiere dagegen erzeugen Wärme im Körperinnern. Sie sind Warmblüter. Fettschichten und Behaarung wirken als Isolierung. Eine gleichbleibende Körpertemperatur bedeutet, dass Säugetiere zu größerer und anhaltender Aktivität fähig sind, was allerdings eine regelmäßigere und größere Menge an Nahrung erforderlich macht.

Außerdem verfügen die Säugetiere über ein System der Fortpflanzung, bei dem sich die Jungen nach der Empfängnis im Mutterleib schon weitgehend entwickeln und nach der Geburt noch eine Zeit lang aus den Milchdrüsen der Mutter mit Nahrung versorgt werden, während die aus den Eiern geschlüpften jungen Reptilien vom ersten Tag an für sich selbst sorgen müssen. All dies führte dazu, dass die Überlebensrate bei den jungen Säugetieren wesentlich höher war als bei den Reptilien. Außerdem war auf diese Weise, was ebenso wichtig ist, bei den Säugetieren genügend Zeit vorhanden für die Entwicklung eines komplizierteren Organismus und eines Gehirns, das zu mehr imstande ist als nur zu den rein instinktiven Reaktionen der Reptilien[22]. Ein weiteres Beispiel für die Kreativität und den Ideenreichtum der Natur.

Der Ursprung und lange Weg des Menschen
Bis zur Mitte des 19. Jahrhunderts glaubte man, alle lebenden Wesen seien bei der Schöpfung jedes für sich erschaffen worden. Seit Darwin wissen wir, dass Menschen und höhere Affen gemeinsame Vorfahren gehabt haben müssen. Das heißt jedoch nicht – wie man so oft hört –, dass der Mensch vom Affen abstamme! Der Prozess, der zur Bildung unserer Art führte, ist in großen Teilen noch völlig unbekannt. Er gehört zu den kompliziertesten Problemen der Biologie. Die Darstellung (Abb. S. 34/35) zeigt, wie sich die Abkömmlinge der frühen Primaten über einen Zeitraum von 11 Millionen Jahren langsam zum heutigen Menschen entwickelt haben.

Vor etwa 10 Millionen Jahren trat in Afrika eine langsame Klimaveränderung ein. Steppen entstanden dort, wo vorher Urwald war. Diese neue Situation erforderte eine

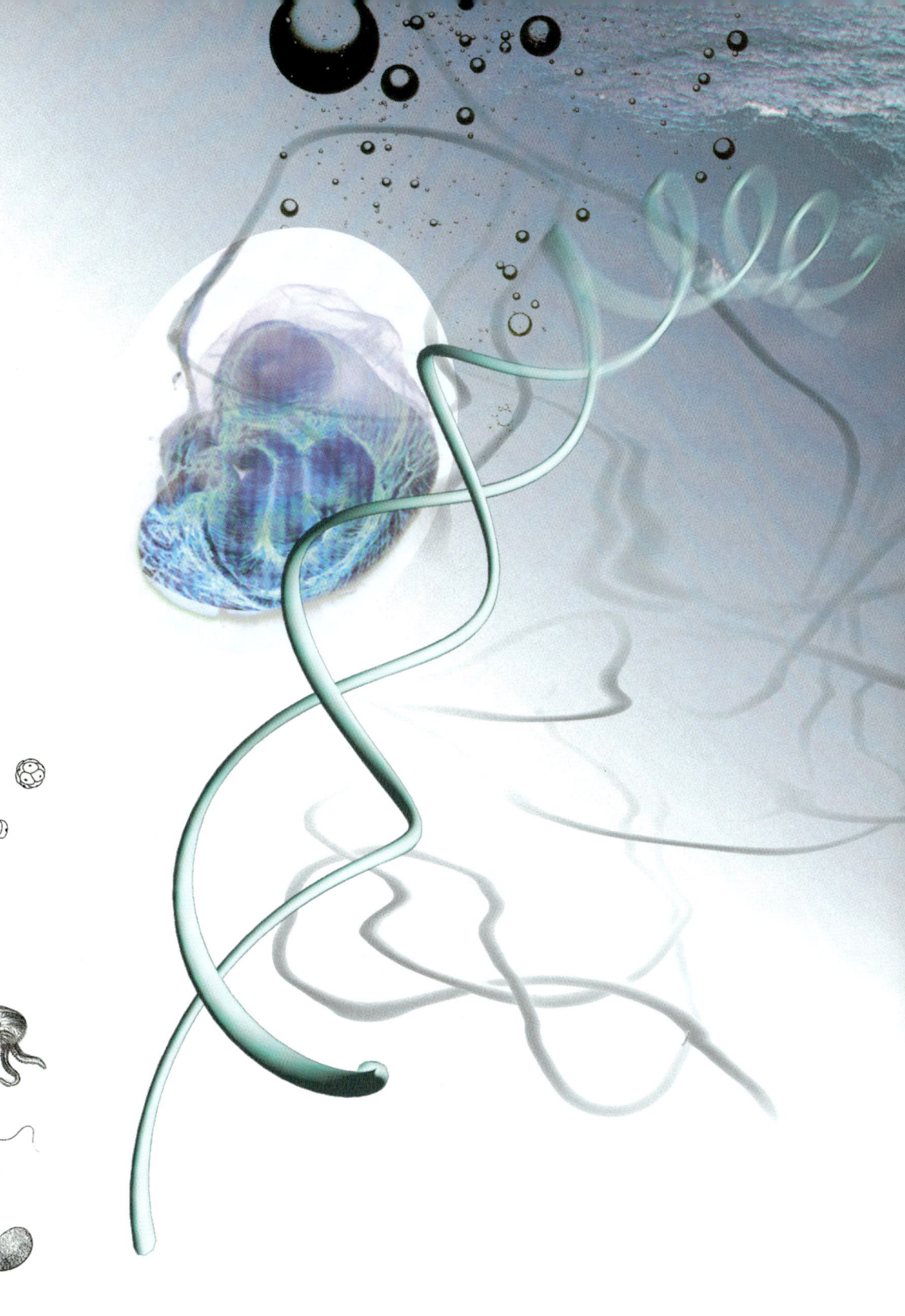

Zum Nachdenken

Die Vergangenheit lässt uns nicht los.
Vor 400 Millionen Jahren war es:
Unsere Vorfahren verließen das Meer,
um auf dem Festland eine neue Existenz aufzubauen.
Das ist schon lange her.
Und doch werden wir auch heute noch
an diese unsere erste Heimat im Wasser erinnert:
Unser Leben beginnt nach wie vor
im Wasser – in der Gebärmutter,
die die Feuchtigkeit und den Salzgehalt
des Meeres erhalten hat.
Unser Blut, unsere Tränen und unser Schweiß –
auch sie erinnern in ihrem Salzgehalt
an jenes Wasser, in dem alles Leben begann.
»Leben kann man nur vorwärts,
Leben verstehen nur rückwärts!«
schreibt S. Kierkegaard (vgl. S. 15).

Leben entstand und entwickelte sich im Wasser. Das Bild spielt mit den Elementen Wasser, Embryo, Zellteilung, Evolutionsstadien, Erbgut (DNA).

Anpassung für jene Affen, die bisher im Urwald gelebt hatten. Diese Umstellung verlangte eine Zusammenarbeit in der Gruppe, Verständigung und Weitergabe von Erfahrungen und infolgedessen eine höhere »Intelligenz«. Die aufrechte Haltung verschaffte diesen menschenähnlichen Affen (Australopithecus = »Südaffen«) ein weiteres Blickfeld und befreite ihre Hände von der bisherigen Stützfunktion. Sie konnten einfache Werkzeuge herstellen und benutzen. Das war ein wichtiger Schritt auf dem langen Weg zur »Mensch-Werdung«.

Die ersten Formen, die man zur Gattung Mensch zählen kann, gehören der Gruppe von »Homo habilis« (geschickter Mensch) an, der Afrika vor etwa 2 Millionen Jahren bis vor eineinhalb Millionen Jahren bewohnte.

Im Vergleich zum Australopithecus besass er ein größeres Gehirn, ein menschenähnlicheres Gesicht und ein Becken, das besser an den aufrechten Gang angepasst war und das in der Lage war, Kinder mit größerem Kopfumfang zu gebären. Der »Homo habilis« war der erste, der Steinwerkzeuge herstellen konnte. Es gibt Hinweise dafür, dass er kleine Rundhütten baute, die ersten Gebäude der Erde.

Vor etwa 1,6 Millionen Jahren bis vor 200 000 Jahren lebte der »Homo erectus« (= aufrechter Mensch), der in mehrfacher Hinsicht fortschrittlicher als seine Vorgänger war. Er fertigte und benutzte mehr Werkzeuge und machte sich das Feuer nutzbar. So entdeckte er, dass man durch Reiben zweier Stöcke Funken und damit Feuer erzeugen konnte. Das Feuer spielte fortan im Familienleben eine zentrale Rolle: Es wärmte die Menschen und ermöglichte das Kochen der Nahrung. Es hielt Raubtiere ab und wurde zur Jagd benutzt. All diese Fähigkeiten machten es dem »Homo erectus« möglich, neue Lebensräume zu erschließen. Sie waren die ersten Menschen, die außer in Afrika auch in Asien und Europa vorkamen. In mehreren Millionen von Jahren entstanden infolge langsamer Anpassung unterschiedliche Formen.

Die »Homo erectus«-Menschen waren die ersten, die während der Warmzeiten bis ins nördliche Europa vordrangen. Vor 250 000 Jahren begannen sie, sich an kältere Klimazonen anzupassen, bis dann 150 000 Jahre später eine Unterart des modernen Menschen auftrat. Es war der »Homo sapiens« (= weiser Mensch). Zu dieser Gruppe gehört auch der Neandertaler. Er ähnelte dem heutigen Menschen sehr stark. In moderner Kleidung – so sagt man – würde er heute kaum auffallen. »Bei den Neandertalern finden wir zuerst das, was man ›menschliche Regungen‹ nennt: Sie sorgten für Kranke und Schwache, bestatteten ihre Toten und hatten wahrscheinlich auch eine Art von Religion.

Vor etwa 35 000 Jahren wurde der Neandertaler ganz plötzlich vom Menschen in seiner heutigen Gestalt – vom ›Homo sapiens sapiens‹ – abgelöst, der sich inzwischen im wärmeren afrikanischen Klima entwickelt hatte. Er besiedelte weite Teile der Erde, darunter auch das endeiszeitliche Europa und sogar Australien.«[23]

»Seit die Neandertaler vor etwa 40 000 Jahren als erste Menschen ihre Toten bestat-

Ramapithecus
vor 11 Mio Jahren

Australopithecus
vor 3 1/2 Mio Jahren

Homo habilis
vor 2 bis 1 1/2 Mio Jahren

teten, haben die meisten Völker ihre Verstorbenen rituell begraben, verbrannt oder mumifiziert. Für die meisten dieser Menschen war der Tod nicht das Ende ihrer Existenz, sondern nur eine Station auf einer langen Reise. Vielmals wurde und wird der Tod auch heute noch als der Zeitpunkt angesehen, wo die Seele den Körper verlässt, um sich einen anderen Aufenthaltsort zu suchen – im Himmel, in der Natur, in einem Grab oder im Haus. So spielt der Tod damals wie heute eine zentrale Rolle und wird von rituellen Zeremonien begleitet.«[24]

Homo erectus
vor 1,6 Mio bis 200 Tausend Jahren

Homo sapiens
vor 200 Tausend Jahren

Homo sapiens sapiens
(moderner Mensch)

Zusammenfassung

Das evolutionäre Epos, von dem hier die Rede war, beginnt also mit dem »Urknall«, der vor 11 bis 15 Milliarden Jahren stattfand. In der Hintergrundstrahlung des Universums können wir ihn noch immer »hören«. »Der Kohlenstoff, aus dem wir bestehen, die Erde, auf der wir gehen, und die Luft, die wir atmen, sind vor Milliarden von Jahren aus dem Innern der Sterne entstanden, die nun erloschen sind. Die Schilderung des evolutiven Menschenbildes musste deshalb bei demjenigen Teil des evolutionären Epos einsetzen, der von der Entwicklung des Universums handelt. War das Universum mit dem Leben schwanger?«[25] Wenn ja, dann ist das Universum unsere Heimat.

Bei den bisherigen Überlegungen wurde der Begriff Evolution mehrmals verwendet. Wie es zu diesem Begriff kam und welche Diskussionen entfacht wurden, zeigt das folgende Kapitel.

2 Charles Darwin und die Evolution

Charles Darwin wurde der,
als den wir ihn kennen:
einer, der das Weltbild grundlegend
verändern sollte.

Joachim Illies

Im Laufe von dreieinhalb Milliarden Jahren hat sich das Leben auf unserer Erde entfaltet. Aus den Bausteinen des Lebens – den Aminosäuren – bildeten sich die einfachen Pflanzen und Tiere. Die Entwicklung ging weiter über die komplizierteren Lebensformen bis hin zu uns Menschen.

Der Mensch steht nun am (bisherigen) Ende dieser Entwicklung. Er kann sich als Einziger über diesen Entwicklungsprozess Gedanken machen. Er möchte wissen: Wie konnte sich das Leben in diesen mannigfaltigen Lebensformen bilden? War es Zufall? War es eine notwendige Entwicklung?

Viele Antworten wurden versucht. Zahlreiche Namen müssten genannt werden. Zu ihnen gehören Lamarck (1744 -1829), Charles Darwin (1809-1882) und Teilhard de Chardin (1882-1955). Leider kann im Rahmen dieses Kapitels nur einer zu Wort kommen: Charles Darwin, dessen Namen mit dem Begriff »Evolution« am häufigsten in Verbindung gebracht wird. Und das zu Recht.

Vor 100 Jahren überraschte er die Menschen mit seiner These: »Mensch und Affe haben gemeinsame Vorfahren!« Wie sehr diese Behauptung vor allem religiöse Menschen schockierte, zeigt folgende Begebenheit: Als Frauen anglikanischer Geistlicher davon hörten, sagten sie zueinander: »Wir wollen beten, dass all das nicht wahr ist. Sollte es aber tatsächlich wahr sein, wie es Charles Darwin sagt, dann wollen wir Gott bitten, dass er die Ausbreitung dieser Lehre verhindert!«

Eigentlich sollten wir Darwin für seine These dankbar sein. Auch wenn er selbst auf manche Fragen keine Antwort geben konnte, so hat er doch die Naturwissenschaftler und Theologen animiert, über die Entstehung der Welt und ihre Entwicklung bis hin zu uns Menschen nachzudenken.

Mit Darwin hat eine heftige Diskussion über die Entwicklungsgeschichte (Evolution) des Universums begonnen, die bis auf den heutigen Tag nicht zur Ruhe gekommen ist. Die modernen naturwissenschaftlichen Methoden haben es möglich gemacht, dass wir uns eine gutbegründete Vorstellung über den Entwicklungsprozess machen können. Bis unmittelbar nach dem Urknall können wir ihn (bisher) zurückverfolgen.

Dass der Mensch in diesen Entwicklungsprozess mit eingebettet ist, ja, dass er den (augenblicklichen) Abschluss dieses Prozesses bildet, ist das Ergebnis seiner Forschungen. Wir kommen deshalb im Zusammenhang mit unsern Überlegungen über den Evolutionsprozess an Darwin und seinen Ideen nicht vorbei.

Was wissen wir über Charles Darwin?

Die britische Admiralität hatte beschlossen, ein Schiff der königlichen Flotte auf eine Weltreise zu schicken, um die Küste Südamerikas und Australiens vermessen zu lassen. Am 27. Dezember 1831 lief die »Beagle« unter dem Kommando von Kapitän Robert Fitz Roy von Devonport aus. An Bord des Schiffes war ein 22 Jahre alter Theologe und Naturforscher, der in fernen Ländern Beweise für die Richtigkeit der biblischen Schöpfungsgeschichte finden wollte. Es war Charles Darwin.

Wer war Charles Darwin? Als vorletztes von insgesamt sechs Kindern wurde er am 12. Februar 1809 in Shrewsbury geboren. Sein Vater war Landarzt. Schon früh hatte er seine Mutter verloren und war unter der Obhut seiner Schwester aufgewachsen. An der Schule fand Charles keine besondere Freude. So schickte ihn sein Vater nach Edinburgh, damit er dort wie sein Bruder Erasmus Medizin studiere. Zu diesem Studium brauchte man weder ein Abitur, noch musste man an der Universität bestimmte Vorlesungen besuchen. Man ging zur Vorlesung oder auch nicht; man ging in ein Hospital oder auch nicht. Doch Charles interessierte die einheimische Pflanzen- und Tierwelt mehr als das Studium der Medizin. Sein Vater war darüber sehr ungehalten. Nach vier Semestern brach Darwin sein Studium ab und begann, dem Rat seines Vaters folgend, an einer anderen Universität ein weiteres Studium – und zwar das der Theologie.

Dieses Studium schloss er mit dem Bakkalaureat ab. Mehr Interesse fand er aber auch in dieser Studienzeit an Gesprächen und Diskussionen über Fragen der Geologie, der Zoologie und Botanik. Alle Voraussetzungen wären erfüllt gewesen »für das weitere Leben eines naturkundlich interessierten, Käfer sammelnden Landpfarrers Darwin, der Jugend und fröhliche Männergesellschaft liebte, und mit einigen Professoren der Naturwissenschaft in freundschaftlichem Kontakt stand und ohne Hinterlassung weiterer Spuren in der Geschichte der Menschheit in hohem Alter nach erfülltem Leben starb. Die Welt und Europa wären danach nicht anders gewesen als zuvor. Aber alles kam anders ...«[26] Charles wurde der, als den wir ihn kennen: einer, der das Weltbild grundlegend verändern sollte.

Seine Weltreise

Das alles begann auf dieser Weltreise: in den tropischen Urwäldern Brasiliens, in den weiten Savannen Argentiniens und in den Hochgebirgen Chiles erwies er sich als ausdauernder Beobachter und erfolgreicher Sammler. So füllten sich Gläser und Kisten im Laufe dieser fünf Jahre mit einer kostbaren und in ihrem Umfang einmaligen Sammlung von Fossilien und Vogelbälgen, Insekten und Pflanzen, die er im Meer und an Land zusammengetragen hatte. Das war für ihn eine einmalige Chance. Seine große Idee ist ihm durch diese Sammlung und spätere Auswertung wesentlich leichter gefallen als dem Vorgänger Lamarck, der zwar zu ähnlichen Überlegungen kam wie Darwin, der sich aber seine biologische Welt hinterm Schreibtisch erarbeiten musste.

Seine Lehre

Nach seiner Rückkehr am 2. Oktober 1836 begann Darwin mit der Auswertung seiner Reiseerlebnisse. Dabei fiel ihm u.a. die verblüffende Ähnlichkeit seiner gesammelten Finken auf, die sich nur im Schnabelbau voneinander unterschieden:

Manche hatten papageienartig gekrümmte Schnäbel; wieder andere hatten Kernbeißerschnäbel; wieder andere erinnerten in ihrem Schnabelbau an Fliegenschnäpper oder Stare. Da sich die Finken jedoch im Körperbau und im Federkleid ähnelten, kam Darwin

Verdinglichay dieser, was goethe den Typus nannt

zu dem Ergebnis, dass es sich um Abkömmlinge einer gemeinsamen Ahnenform handeln müsse. Offenbar hatte einst eine Finkenart die Insel erreicht. Sie vermehrte sich zunächst, bis ein Gleichgewicht zwischen Vogelzahl und Nahrungsmenge erreicht war. Von diesem Augenblick an mussten jene, die zu viel waren, verhungern oder sie stellten sich auf eine andere Ernährungsweise um. Letzteres war wohl der Fall.

Wie dies geschehen konnte, beschrieb Darwin in seinem Buch »Die Entstehung der Arten durch natürliche Auslese oder die Erhaltung begünstigter Rassen im Kampf ums Dasein.« Darwin erklärt darin:

1. Alle Lebewesen haben sich aus gemeinsamen Vorfahren entwickelt.
So wie sich die Äste eines Baumes immer weiter verzweigen, so haben sich auch die Tierarten immer mehr verzweigt und weiter entwickelt. Den Menschen zog er ganz selbstverständlich in diese Entwicklung mit ein. Man nennt diesen Prozess Evolution.

2. Die Ursache dieser Entwicklung ist das Ergebnis einer natürlichen Auslese (Selektion).
Diese verläuft in zwei Stufen: zunächst entsteht eine Änderung (Mutation) im Erbgut, wodurch ein Merkmal der Art verändert wird. So hatte sich z.B. die Schnabelform der Finken durch Mutation verändert. Die Ursache dieser Mutation kannte Darwin noch nicht. Dann folgt der eigentliche Vorgang der Selektion. Von Millionen eigenständiger Individuen derselben Art haben einige ein Erbgut, das sie besser mit den Umweltveränderungen fertig werden lässt als andere. Sie haben dadurch eine größere Überlebenschance. Ihr besonderes Erbgut pflanzt sich fort und setzt sich durch.

Dieser Prozess lässt sich anschaulich erklären als »Überleben des Geeignetsten«. Das Rennen macht immer der Schnellste und der Geschickteste – auch in der Natur. »Tiere und Pflanzen haben mehr Nachkommen, als auf lange Sicht überleben und sich fortpflanzen können. Die Jungen stellen keine exakten Kopien ihrer Eltern dar, und die Unterschiede sind häufig vererbbar. Erlangen einige Individuen aufgrund einer vererbbaren Variation einen Konkurrenzvorteil, hinterlassen sie auch mehr Nachkommen. Die unterschiedliche Fortpflanzung mit einer vererbbaren Variation ... (ist) für die Entwicklung, d.h. die Evolution aller Lebewesen verantwortlich.«[27]

Die Abbildung fasst Darwins Entdeckungsreise und -ergebnisse zusammen.

Eine Bestätigung der ersten und zweiten These fanden Naturwissenschaftler um die Jahrhundertwende bei der Beobachtung des Birkenspanners (Biston betularia). »Noch zu Darwins Zeiten war dieser Spanner, der sich hauptsächlich auf Birken aufhält, silbrig-weiß und hob sich kaum von den hellen Stämmen ab. Er war, wie die Verhaltensforscher sagen, hervorragend an seine Umgebung angepasst. Ein Vogel, der Appetit auf einen Birkenspanner hatte, musste schon genau hinsehen, bevor er ihn entdeckte.

Immer aber hatte es unter den Birkenspannern eine geringe Zahl graubrauner Falter gegeben, die ganz und gar nicht angepasst waren und sich weithin sichtbar von den Birkenstämmen abhoben. Sie wurden nicht alt, da sie eine leichte Beute für ihre Feinde waren. Die fortschreitende Industrialisierung vieler Gebiete veränderte allmählich die Umwelt der Schmetterlinge. Die Birkenstämme waren nicht mehr weiß, sondern braun gefärbt von Rauch und Ruß. Zur Freude der Vögel und zum Leid der Birkenspanner. Ihre helle Tarnfarbe war sinnlos geworden, sie schienen vom Aussterben bedroht.

Doch da beobachtete man etwas Merkwürdiges: Zwar verschwanden allmählich die weißen Spanner. Schaute man jedoch genauer hin, dann saßen jetzt an ihrer statt dunkel gefärbte Schmetterlinge an den Stämmen. Der Birkenspanner hatte sich seiner Umgebung wieder angepasst.

Wie konnte das geschehen? Nach Darwins Prinzip der natürlichen Auslese überlebt die Art, die die günstigsten Umweltbedingungen hat. Das bedeutet im Fall Birkenspanner: Bei weißen Stämmen waren weiße Spanner gut angepasst und vor ihren Feinden sicher. Sie vermehrten sich und überlebten. Die braunen Falter wurden ausgerottet. Bei schmutzig braunen Birkenstämmen aber hatte die braune Mutationsform ihre Chance, jetzt fraßen die Vögel die weithin sichtbaren weißen Spanner und übersahen die braunen, die sich nun ungestört vermehren konnten.«[28]

Als weiteres Ergebnis seiner Reise nannte Darwin in seinem Buch:

3. Die gesamte Entwicklung geschieht durch ausschließlich materielle Kräfte des Zufalls.

Wie kommt Darwin als Theologe zu solch einer Aussage? »Darwins evolutionäre Vision war getragen von einem starken Glauben an die Autonomie, Spontaneität und Kreativität der Natur. Er konnte sich die Natur nicht anders als lebendig vorstellen.

Um aber die Schöpferkraft der Natur glaubhaft machen zu können, musste er ihre Abhängigkeit vom transzendenten Gott der damaligen protestantischen Theologie leugnen und wurde damit praktisch zum Verfechter einer materialistischen Doktrin. Deshalb bemühte er sich auch, dem Wirken der Natur alles Mysteriöse zu nehmen, so dass schließlich nur noch blinde Gesetze und der blinde Zufall als einzige Bewegungsprinzipien übrigblieben.«[29]

Die Reaktion auf seine Lehre

Darwins Lehre wirkte wie ein Schock. Das lag weniger daran, dass er für Menschen und Affen einen gemeinsamen Vorfahren postulierte. Er schockte die Menschen vielmehr deshalb, weil er davon überzeugt war, dass sich die gesamte belebte Welt nicht nach göttlichem Plan entwickelte, sondern ausschließlich durch materielle Kräfte des Zufalls. Damit glaubte er, die Schöpfungsgeschichte der Bibel widerlegt zu haben. Die Diskussion über die Thesen Darwins ist bis auf den heutigen Tag nicht abgebrochen. Kein ernst zu nehmender Naturwissenschaftler zweifelt daran, dass eine Entwicklung (Evolution) von kleinen einfachen Zellverbänden bis zu immer komplexeren, höher entwickelten Lebewesen stattgefunden hat. Nach den heutigen Erkenntnissen scheint die Evolution eine »gerichtete Entwicklung« zu sein und nicht – wie Darwin es sagte – eine Kette glücklicher Zufälle. Seit den achtziger Jahren vertreten viele Naturwissenschaftler – z.B. der an der Harvard University lehrende Biologe Stephan Jay Gould – die Meinung, dass die Entwicklung von einer »lenkenden Kraft« vorangetrieben wird.

Das Kapitel »Vom Urknall bis zum Menschen« hat uns von dieser »lenkende Kraft« einen kleinen Eindruck vermittelt. Wir sind beeindruckt von dem Einfallsreichtum und der Kreativität der Natur, die es immer wieder verstand, aus Sackgassen und Katastrophen einen Ausweg zu finden. Die folgenden Kapitel werden die Gedanken bestätigen und vertiefen.

3 Evolution – ein faszinierendes Geschehen

 Die Evolution ist eine Intelligenz von solcher Erhabenheit,
dass verglichen damit das ganze Denken und Handeln
des Menschen ein höchst unbedeutender Abglanz ist.

Albert Einstein

Einführung

Man kann den Evolutionsprozess unter verschiedenen Gesichtspunkten betrachten. Physiker beschäftigen sich mit den Gesetzen, die den Prozess in Gang setzten und begleiten. Chemiker fragen, wie in diesem Prozess die zahlreichen Elemente entstehen konnten. Die Biologen verfolgen die Entwicklung des Lebens unter rein naturwissenschaftlichen Aspekten. Alle drei halten sich an die wissenschaftlichen Methoden, die für sie legitim und typisch sind.

Würden wir die Ergebnisse aller drei Disziplinen einander zuordnen oder einfach addieren, so würden wichtige Aspekte der Evolution nicht erkannt. Denn das Ganze ist mehr als die Summe dieser Einzelerkenntnisse.

Wir wollen nun den Evolutionsprozess als Ganzen betrachten und versuchen, innere Gesetzmäßigkeiten aufzuspüren. Denn nur sie können uns sensibel machen für die Frage und die Suche nach einem Sinn, der dem Ganzen zugrunde liegt und der auch unserm Leben eine neue Qualität geben kann.

Evolution – ein gigantischer Wachstumsprozess

Als ich mich mit der Evolution beschäftigte,
habe ich so viele Dinge gefunden,
die mich wundern ließen.

Carsten Bresch

Der Evolutionsgedanke führt die Vielgestaltigkeit der Welt auf einen gemeinsamen Ursprung zurück. Das gilt für die unbelebte Natur, die im »Urknall« ihren Anfang nahm. Das gilt aber auch für die belebte Natur: Alle Formen des Lebens stammen von ein und derselben Urform ab, vielleicht sogar von einer einzigen Urzelle. Evolution ist somit die (gesamte) Entwicklung vom »Urknall« bis hin zu uns Menschen. Sie umfasst einen Zeitraum von ca. 11 bis 15 Milliarden Jahren. In ihrem Verlauf lassen sich drei wichtige Epochen ausmachen:

Die Evolution der unbelebten Natur beginnt nach dem Urknall mit der Bildung von Atomen aus Elementarteilchen in den Millionen Grad heißen Sternen. Diese Atome werden durch Sternexplosionen in den Raum geschleudert, wo sie sich zu Molekülen und diese wiederum zu Polymeren verbinden. Polymere sind Ketten aus vielen Molekül-Bausteinen.

Dieser Phase schliesst sich die Evolution der belebten Natur[30] an. Dabei bilden sich zunächst primitive Formen von bakterienartigen Einzellern. Aus ihnen entstehen leistungsfähigere Zellen, die sich schließlich zu Vielzellern zusammenschließen. Diese Vielzeller können unterschiedliche Lebensfunktionen wie Nahrungsaufnahme und Fortpflanzung übernehmen, wodurch höhere Leistungen ermöglicht werden. Eine weitere Besonderheit bildete sich im Tierreich und bei den ersten Menschen. Einzelne Individuen schließen sich zu Gruppen zusammen. Dabei kennen sich alle einzelnen Mitglieder dieser Gruppe – im Gegensatz zu den Schwärmen von Flamingos oder Heringen, denen sich jeder Artgenosse anschließen kann ohne als »Fremdling« erkannt zu werden. In den kleinen Gruppen werden Erfahrungen und Gewohnheiten von einer Generation zur anderen weitergegeben. Beim Menschen geschieht dies vor allem durch die Sprache. So entwickeln sich allmählich Traditionen. Mit diesen Traditionen beginnt die dritte Phase der Evolution: die Evolution des Geistigen.

Evolution bedeutet somit: Im Universum ist nichts vorhanden, das nicht durch einen Werdeprozess hervorgegangen ist. Werden meint hier nicht nur, dass innerhalb einer Gattung ein neues Wesen derselben Art entsteht. Wesentlich zur Evolution gehört, dass etwas Neues hervorgeht, das vorher noch nicht vorhanden war und aus dem Vorhergehenden nicht zu erklären ist.

Evolution ist eine Geschichte der Vorbereitung, der Entstehung und Entfaltung des Lebens

War das Universum mit dem Leben schwanger?
Wenn ja, dann ist es unsere Heimat.

Carsten Bresch

Die Übersichtstabelle (siehe nächste Seite) fasst noch einmal das gesamte Evolutionsgeschehen vom Urknall bis zum Menschen zusammen. Es bedarf sicherlich keiner weiteren Erklärung: Evolution ist ein Prozess der Vorbereitung, der Entstehung und Entfaltung des Lebens und des Geistes. Am Ende dieses Prozesses steht nun der Mensch – nicht als Zuschauer, sondern als Glied in einer langen Kette. Aber er ist das einzige Wesen, das den Evolutionsprozess als »Lebens-Prozess« erkennen kann: als einen Prozess, der neues Leben schafft, der aber auch in der Lage ist, Leben unter schwierigen Situationen zu erhalten.

Tabelle 3:

1. Beginn vor ca. 15 Milliarden Jahren durch einen »Urknall«	
2. Entwicklung der Elementarteilchen, der Kerne, der Atome und Moleküle	**VORBEREITUNG**
3. Entstehung der Sterne, der Galaxien und der Sonne	
4. Entwicklung auf der Erde: a) leblose Materie b) Aminosäuren – Bausteine des Lebens c) Moleküle, die sich selbst vermehren d) Zelle	**ENTSTEHUNG** **und**

e) einfache Lebewesen   – ohne Sauerstoff
                           – mit Sauerstoff
f) einfache, dann komplexere Pflanzen
g) einfache, dann komplexere Tiere
h) Pflanzen und Tiere erobern das Festland
i) Entwicklung der Tiere auf dem Festland:
    Amphibien: Frösche und Kröten:
                          Eiablage im oder am Wasser
    Reptilien: Eiablage unabhängig von der
                          Feuchtigkeit
    Säugetiere: Ei reift im Körper der Mutter heran
	ENTFALTUNG
	
	des
	
	LEBENS

5. Entstehung des Menschen	**und des** **GEISTES**

Wie anpassungsfähig das Leben sein kann, zeigte sich im Bikini Atoll. Als Wissenschaftler nach einem Atombombenversuch die Meeresalgen untersuchten, kamen sie zu einem überraschenden Ergebnis:

»Verschiedene rote, grüne und braune Arten von Meeresalgen hatten in der strahlenverseuchten Umwelt zwar ihre Form und ihr Ausssehen kaum verändert, aber in ihrem Stoffwechsel zeigte sich eine entscheidende Änderung. Die Algen mussten, wollten sie weiterleben, irgendwie mit dem erhöhten Wasserstoffperoxidgehalt des sie umgebenden Wassers fertig werden. Die radioaktive Strahlung spaltet nämlich die Wassermoleküle und bildet dabei unter anderem Wasserstoffperoxid. Das ist jenes Mittel, mit dem wir bei Halsentzündungen gurgeln, um den Rachenraum zu desinfizieren, also um Bakterien zu töten. Diese Substanz entstand durch die Strahlung im Wasser und in den Algen selbst.

Nun verfügt der Organismus über geringe Mengen eines Enzyms, das Wasserstoffperoxid zersetzen kann. Die Algen hatten es fertig gebracht, die Produktion dieses Enzyms in ihrem Organismus so weit zu erhöhen, dass das für sie giftige Wasserstoffperoxid bis zu unschädlichen Konzentrationen zerlegt wurde.«[31]

Das ist die eine Seite des Lebens, das aus sich heraus die Kraft besitzt, auch mit lebensbedrohenden Situationen fertig zu werden. Daneben dürfen wir nicht übersehen, dass unzählige Arten diese Kraft nicht besessen haben und ausgestorben sind. Wir kennen zur Zeit etwa 5 Millionen lebende Arten. Wir wissen aber auch, dass es in der Geschichte der Erde 500 Millionen Arten gegeben hat, die heute nicht mehr existieren.

Der französische Nobelpreisträger François Jacob, der sich viel mit der Evolutionstheorie befasst hat, sagte, wenn er die Evolution mit einer menschlichen Aktivität vergleichen müsste, würde ihm nie und nimmer ein Ingenieur einfallen. Eher würde er an einen Pfuscher oder Bastler denken, der alle möglichen Dinge für alle möglichen Sachen verwendet und dabei viel »Schrott« und »Murks« produziert.

Diese Meinung kann man leicht vertreten, wenn man bedenkt, dass auf jeden kleinen positiven Mutationsschritt tausend andere kommen, die zu Missbildungen und Defekten führen. Das Erstaunliche ist aber, dass sich diese Defekte nicht weiter vermehren, sondern bald aussterben. Die Natur wählt (durch Selektion) das aus, das zu neuen und besseren Lebensqualitäten führt.

Das geschieht nicht – wie es leider immer wieder zu hören ist – durch einen »Kampf ums Dasein bis aufs Messer«. Evolution geschieht nicht durch Vernichtung des Früheren oder Schwächeren, sondern durch Weiterentwicklung der besser Angepassten. Auch das, was nicht überlebt und ausstirbt, hat eine Lebens-»qualität«. Das heißt: auch es ist lebens-»wert« und daher nicht als »Murks« oder »Schrott« anzusehen.

Wenn man die Evolution als Ganzes betrachtet (vgl. Tabelle 3), ist sie sicherlich ein Prozess, der zu immer neuen Lebensformen mit höherer Lebensqualität führt. Sie ist ein Prozess des Lebens, ein Prozess, der manchmal undurchsichtig ist – auch das müssen wir zugeben, wenn wir daran denken, wie »grausam« Tiere und Menschen miteinander umgehen können. Das sollte aber nicht darüber hinwegtäuschen, dass Evolution viel Faszinierendes an sich hat, wie wir noch sehen werden.

Evolution – ein Aufstieg zum Höheren

> Das zeitlich später Auftretende
> ist auch das Höhere.

Das ist ja unglaublich! – Mit diesen Worten unterbrach mich eine Studentin, als ich bei einer Tagung den Entwicklungsprozess des Lebens erläuterte. Und sie hat recht! Wäre der gesamte Prozess auch nur in einem einzigen Augenblick anders verlaufen, stände an seinem Ende nicht der Mensch mit seinem Selbstbewusstsein, seinem Geist und seiner Freiheit.

Menschliches Leben konnte nur entstehen, weil die von Anfang an existierenden Naturgesetze, die Entstehung der Materie, ihre kosmische Ausbreitung und die biologische Entwicklung von den Bausteinen des Lebens bis hin zu uns Menschen in unglaublich präziser Form zusammenwirkten.

Die inneren Zusammenhänge dieses Prozesses verdeutlicht Tabelle 4.

Die Evolution bewegte sich von gefühl- und leblosen Atomen zum pflanzlichen Leben, von dort zu einfachen tierischen Formen (Protozoen, Amphibien, Reptilien) und zu den höheren tierischen Lebewesen (Säugetiere). Der Mensch steht am (bisherigen) Ende dieser Entwicklung.

Bei diesem Prozess gilt folgendes Gesetz: Jede Stufe der Evolution bildet den Unterbau für die folgende. Sie wird mit hineingenommen in diese nächste Stufe, von ihr angenommen – ohne dass sie sich selbst aufgeben müsste – und nimmt nun Teil an der besonderen Qualität dieser neuen Stufe.

Tabelle 4:

Gesetz	Stufen der Evolution
Sie nimmt aber Teil an der besonderen Qualität der höheren Stufe.	menschliches Leben
Sie wird mit hineingenommen in die nächsthöhere, ohne sich selbst aufzugeben.	tierisches Leben
	pflanzliches Leben
Jede Stufe der Evolution bildet den Unterbau für die nächste.	leblose Materie

Pflanzen bestehen aus Atomen und Molekülen. Sie integrieren sie in ihren pflanzlichen Aufbau und lassen sie teilnehmen an ihrem pflanzlichen Leben. Die Tiere übernehmen den Stoffwechsel der Pflanzen, integrieren und ergänzen ihn. So lassen sie das pflanzliche Leben an ihrem eigenen, tierischen, animalischen Leben teilnehmen. Der Mensch integriert animalische Vorgänge in seinen Körper und lässt auch sie teilnehmen an seinem menschlichen, geistigen Leben. So trägt er alle früheren Stufen der Evolution in sich: die leblose Materie – Atome und Moleküle –, das pflanzliche und das tierische Leben. Er trägt sie in sich, integriert sie in seinem Körper und lässt sie teilnehmen an seinem Geist und an seinem Selbstbewusstsein[32].

»Während die Welt früher nur von Lebewesen bevölkert war, die auf ihre Umwelt wie einfache Automaten reagierten, gibt es heute unzählige Arten, die erst nachdenken und dann handeln. Während es früher auf der Welt keine einzige Art gab, die über Selbstwahrnehmung verfügte, gibt es heute mindestens eine, die damit gesegnet ist. Die Triebkraft der Evolution war tatsächlich höchst produktiv.«[33]

Diese Triebkraft ist es, die Höheres, Vollkommeneres aus dem Niedrigeren hervorgehen lässt, wobei etwas Neues entsteht, das auf das Niedrigere nicht zurückgeführt werden kann. Der Begriff Evolution bekommt durch diese Überlegungen eine neue Tiefe: Er bedeutet Entwicklung, in der das zeitlich später Auftretende nicht nur das Spätere ist, sondern auch das Höhere; das zeitlich Frühere ist zugleich auch das Niedrigere. Evolution kann daher nicht als mechanistischer Ablauf verstanden werden. Sie ist vielmehr ein kreativer, schöpferischer Prozess, wie wir es noch sehen werden.

Die Kreativität des Lebens

»Die evolutionäre Entfaltung des Lebens
von Jahrmilliarden
ist eine wahrlich atemberaubende Geschichte.«

So schreibt Fritjof Capra in seinem Buch »Lebensnetz«[34]. Warum? Weil die Kreativität, die uns in der belebten und unbelebten Natur begegnet, ständig neue Formen und Überraschungen hervorbrachte. Sicherlich spielen Mutation und natürliche Auslese eine große Rolle in diesem Prozess. Doch ist die Kreativität, das ständige Streben nach Neuem, der eigentliche Motor der gesamten Entwicklung. Das beginnt bereits auf der Ebene der Atome und Moleküle. Ein Atom besteht aus mehreren Elementarteilchen. Dabei besitzt es als Ganzes andere Eigenschaften als jedes einzelne Teilchen für sich. Durch ihre Vernetzung kommt etwas Neues hinzu, für das es keine Erklärung gibt. Dasselbe gilt auch für die Moleküle, die aus mehreren Atomen bestehen. Wasser ist z.B. eine Verbindung von Sauerstoff und Wasserstoff. Zwei Atome Sauerstoff verbinden sich mit einem Atom Wasserstoff und bilden zusammen ein Wassermolekül. Dieses hat – wie wir es von unserer täglichen Erfahrung her wissen – ganz andere Eigenschaften als seine beiden Bestandteile.

Ähnliches gilt für die Entstehung der Aminosäuren, den Bausteinen des Lebens. Wie konnten sie überhaupt aus lebloser Materie entstehen? Diese Frage beschäftigte die Naturwissenschaftler bis in die Mitte der 50er Jahre. Wie konnten die Bausteine des Lebens entstehen, ohne dass es Lebewesen gab, die sie produzierten? Kamen sie etwa durch einen Meteoriten zur Erde, wie es manche Wissenschaftler vermuten? Im Jahre 1953 fand der Chemiestudent Stanley Miller in Chicago eine andere Antwort. Er ahmte die Verhältnisse, die damals auf der Urerde geherrscht haben, im Labor nach: In der Uratmosphäre waren u.a. die einfachen chemischen Verbindungen Methan, Ammoniak und Wasser vorhanden. Wenn zwischen ihnen eine chemische Reaktion stattfinden soll, muss zu diesen chemischen Verbindungen eine Energiequelle hinzukommen. Als solche kamen auf der Urerde das UV-Licht der Sonne oder elektrische Entladungen (Gewitterblitze) in Frage. So schloss Miller die drei chemischen Verbindungen in einem Glaskolben ein, legte eine Hochspannung an und sorgte dafür, dass die im Glaskolben enthaltene Mischung von heftigen Funkenentladungen getroffen wurde.

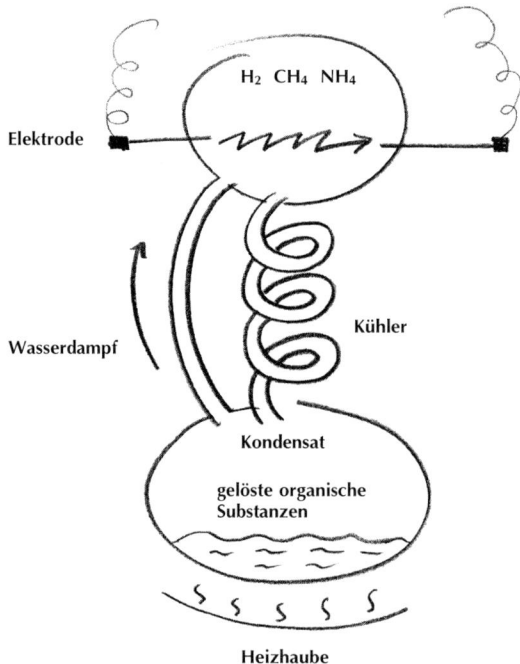

Schon nach 24 Stunden schaltete er den Hochspannungsgenerator ab. Gespannt untersuchte er das Ergebnis seines Versuchs. Was er fand, überraschte nicht nur ihn, sondern in gleicher Weise die gesamte Fachwelt: In seinem Glaskolben hatten sich nämlich drei Aminosäuren gebildet. Diese gehören zu den insgesamt zwanzig Aminosäuren, die die »Bausteine« unseres Lebens sind.

Doch was war geschehen? Das Ausgangsmaterial Methan, Ammoniak und Wasser wurde durch die Funken völlig zertrümmert. Die Bruchstücke schlossen sich dann wieder zusammen, jedoch nicht nur in der alten Form, sondern auch in völlig neuen Verbindungen. Dass dabei gerade diese drei Aminosäuren entstanden, hängt mit der atomaren Struktur der Trümmerstücke zusammen und den Gesetzen, die im Bereich der Atome gelten. Diese sorgen dafür, dass sich chemische Elemente mit »Vorliebe« mit ganz bestimmten anderen Elementen verbinden und dabei etwas völlig Neues bilden.

Das, was Miller im Labor herstellte, hat ihm die Natur vor 3,5 bis 4 Milliarden Jahren vorgemacht, als sie die Bausteine des Lebens schuf. Liegt die Vermutung nicht nahe, dass die im Bereich der Atome geltenden Gesetze und das vor vielen Milliarden Jahren entstandene Ausgangsmaterial Methan, Ammoniak und Wasser die Voraussetzungen bilden sollten für die Entstehung und Entwicklung des Lebens? Stellt sich hier nicht schon die Frage nach einem vorgegebenen Plan? Und mehr noch: Enthält dieser Plan nicht schöpferische Momente, die stets etwas Neues hervorbringen? Die Aminosäure ist etwas ganz anderes als die Summe der chemischen Elemente, aus denen sie zusammengesetzt ist. Sie ist etwas völlig Neues, das die Natur hervorgebracht hat.

Vielleicht ist es ein Grundgesetz der Evolution, dass immer wieder Neues und Überraschendes entsteht.

So sind unsere geistigen Fähigkeiten und der freie Wille nicht aus dem Animalischen zu erklären. Hoimar von Ditfurth vergleicht die Beziehung zwischen dem Gehirn und dem Selbstbewusstsein des Menschen mit einem Musikinstrument und einer Melodie, die durch das Instrument erklingt: So wie der Instrumentenbau eine geschichtliche Entwicklung durchgemacht hat und ein bestimmtes Instrument der heutigen Zeit am Ende dieser Entwicklung steht, so hat auch unser Gehirn im Laufe von Jahrmillionen eine Entwicklung durchgemacht. Ohne das Gehirn könnte der Mensch nicht denken, wie auch eine Melodie ohne das Musikinstrument nicht erklingen kann. So wie die

H₂ CH₄ NH₃

Melodie nicht das Produkt der Instrumente ist, so ist auch der menschliche Geist nicht das Produkt des Gehirns. Wie die Melodie und das Instrument, auf dem sie erklingt, nicht identisch sind, so sind auch der menschliche Geist und das Gehirn nicht miteinander identisch. Etwas Neues ist hinzugekommen, das nicht zu erwarten war.

Eine weitere Überraschung: Gerade Katastrophen waren es, die zu kreativem Handeln, zu Erneuerung und Wachstum führten[35]. Nur an einige wenige Beispiele sei erinnert: Die organische Suppe wurde durch Gärung zersetzt. Damit war die Lebensgrundlage der ersten Lebewesen genommen. Die Natur wusste sich zu helfen: Sie erfand die Photosynthese. Die Photosynthese ihrerseits hatte den giftigen Sauerstoff als Abfallprodukt. Es kam zu einer Umweltkatastrophe, durch die unzählige Arten ausgelöscht wurden. Die Natur entwickelte nun Pflanzen und Tiere, die den Sauerstoff einatmen. Das Gleichgewicht war wiederhergestellt.

Das Meer war als Lebensraum zu eng und klein geworden. Das Land musste besiedelt werden. Das stellte Pflanzen und Tiere vor schier unlösbare Probleme. Sie alle wurden gelöst, wie wir es gesehen haben. Insbesondere nahmen Tiere für ihre Jungen das lebenswichtige Meerwasser mit: die Reptilien in den Eiern, die Säugetiere in der Gebärmutter.

Diese Beispiele ließen sich noch in unbegrenzter Zahl ergänzen. Leider sprengen sie – so interessant sie auch sind – den Rahmen dieses Buches.

Das folgende Kapitel greift diese Gedanken nochmals auf, wenn es um die Stellung des Menschen im evolutiven Geschehen geht. Der Mensch steht nicht außerhalb der Evolution. Wie alles Lebendige so ist auch er Ergebnis des kreativen, schöpferischen Prozesses – ein Wunder der Natur.

Die Abbildung bezieht sich auf die faszinierende Kreativität der Evolution: Aus giftigen Molekülen konnte Leben entstehen und letztendlich sogar intelligente Formen. Chromosomen und Samenfäden stehen für die Sexualität als eine der bahnbrechenden »Einfälle« der Evolution. Laborzangen, Kabel und elektrische Blitze bilden die Assoziation zum Millerschen Experiment (vgl. S. 52f.).

II

Doch schließlich kam der Mensch

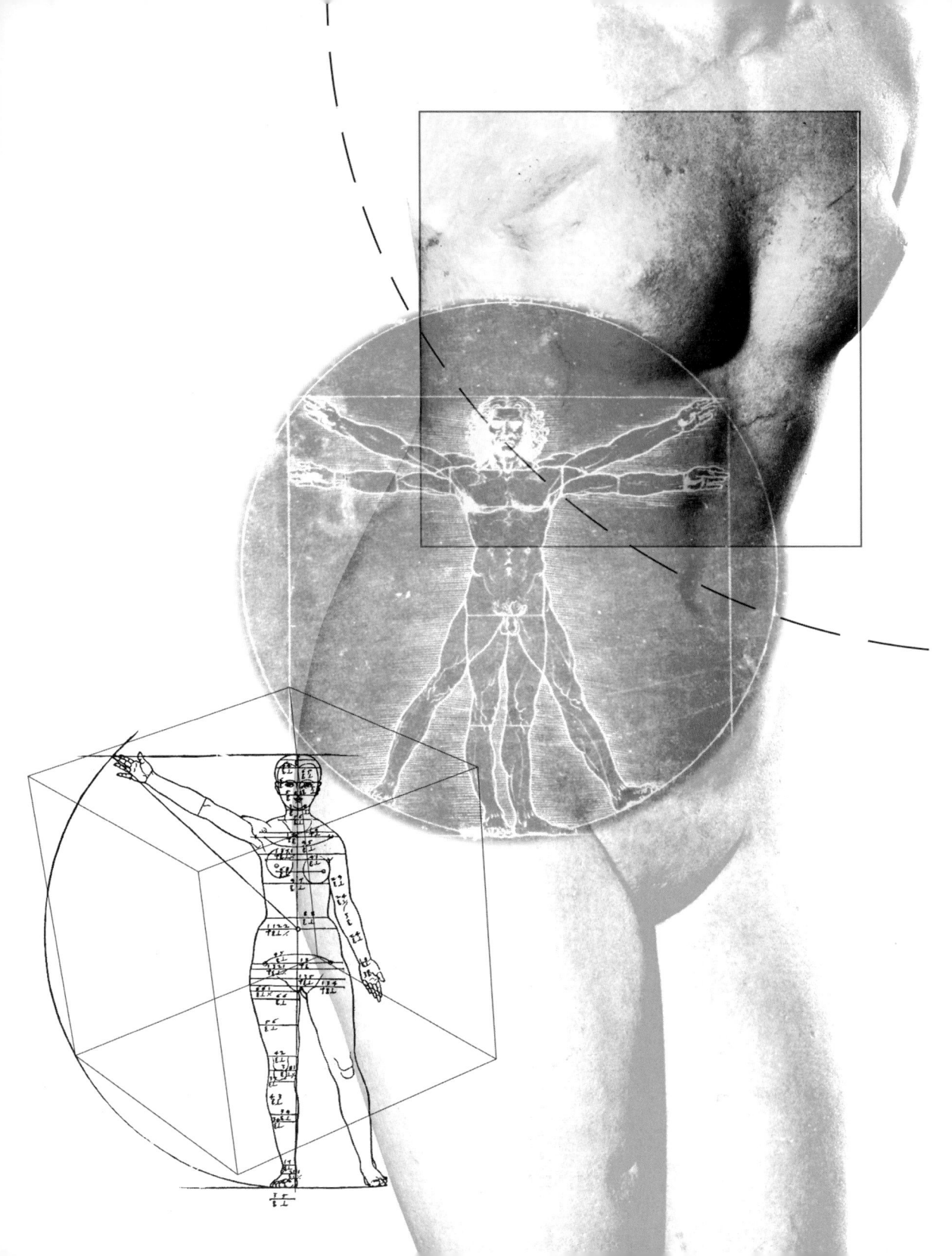

1 Der Mensch am Ende der Evolution

Doch, was ist das Geheimnis,
dass wir Menschen sind?
Die Erfinder von Computern möchten's wissen.

Ernesto Cardenal [36]

Einleitung

Wie erbärmlich klein, wie ohnmächtig müssen wir Menschen uns vorkommen, wenn wir bedenken, dass die Erde, auf der wir leben, in dem schier unermesslichen Weltall nur ein minimales Stäubchen, geradezu ein Nichts bedeutet...

Max Planck

Viele Jahrhunderte glaubte der Mensch, die Erde sei das Zentrum des Universums, um das sich alle Gestirne des Himmels drehen. Heute wissen wir: Die Erde ist eine Kugel, die sich mit weiteren acht Planeten um die Sonne bewegt. Und die Sonne? Sie ist ein ganz durchschnittlicher Stern. »Mit 150 Milliarden anderen Sternen bildet sie einen großen, spiralförmigen Sternenhaufen, eine Galaxie: unsere Milchstrasse. Aber auch diese ist nichts Besonderes. Die Wissenschaft hat Milliarden anderer Galaxien – grössere und kleinere – in den Tiefen des Universums gefunden.«[37]
Ist es da erstaunlich, dass die Menschen in ihrem Selbstwertgefühl verunsichert wurden? Hat doch die Naturwissenschaft dem Menschen Sicherheit und Geborgenheit genommen, die ihnen das alte Weltbild im Zusammenhang mit dem Glauben ge-

Die Abbildung ist eine Abwandlung des Leonardo-da-Vinci-Menschenbildes in einer Komposition mit anderen – weiblichen – Menschendarstellungen aus der Kunstgeschichte (Dürer, Aphrodite von Knidos). Darstellungen, die von dem uralten Anliegen zeugen, den Menschen zu vermessen, Maßeinheiten und Idealformen zu finden. Deswegen tauchen hier immer wieder grafische Linien und geometrische Formen auf.

schenkt hatte. Die Wissenschaft hat alles Geheimnisvolle entfernt und die Ordnung der Natur als reinen und geistlosen Zufall oder als eine notwendige und damit sinnlose Folge der mechanistischen Gesetze entlarvt. Kein Wunder, dass Steven Weinberg schreiben konnte: »Je begreiflicher uns das Universum wird, umso sinnloser erscheint es auch.«[38] Der Biologe Jacques Monod äußert sich ähnlich: »Der alte Bund ist zerbrochen; der Mensch weiß endlich, dass er in der teilnahmslosen Unermesslichkeit des Universums allein ist, aus der er nur zufällig hervortrat.«[39]

Das ist die eine – sicherlich auch legitime – Sichtweise, die uns die Naturwissenschaft nahe legt. Aber ist sie auch die einzige? Max Planck vollendet den oben zitierten Satz »... und wie seltsam muss es uns andererseits erscheinen, dass wir, winzige Geschöpfe auf einem beliebig winzigen Planeten, imstande sind, mit unseren Gedanken zwar nicht das Wesen, aber doch das Vorhandensein und die Größe der elementaren Bausteine der ganzen großen Welt genau zu erkennen.«[40]

Die Entstehung des Menschen war sicherlich eine bemerkenswerte und interessante Idee der Natur. Am Ende eines langwierigen und komplizierten Prozesses möchte der Mensch nun wissen: Bin ich durch Zufall entstanden? Bin ich gewollt? Geplant? Welche Rolle spiele ich in diesem kosmischen Drama?

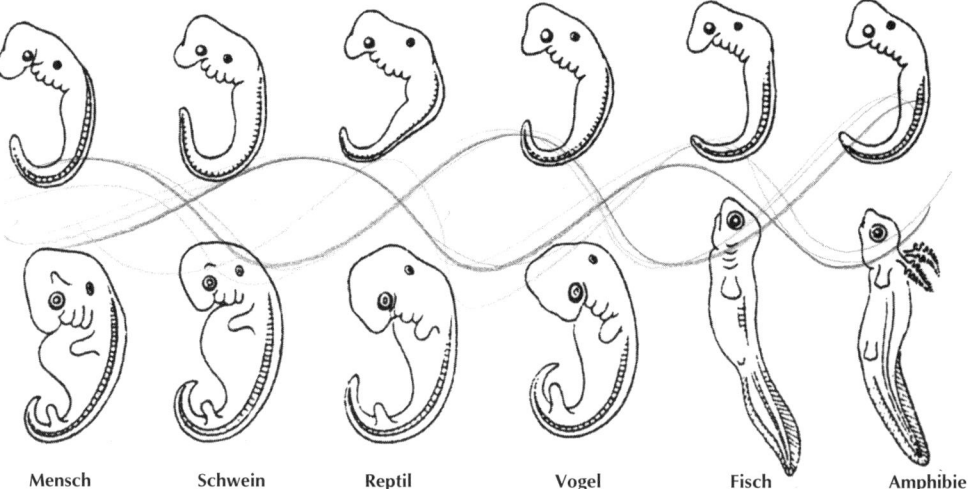

| Mensch | Schwein | Reptil | Vogel | Fisch | Amphibie |

Föten verschiedener Wirbeltiere – genetisches Wunderwerk verbunden durch angedeutete DNA-Doppelhelix

Jeder Mensch ist ein Wunder der Natur

Sind die Gedanken nur ein Geheimnis
seelenloser Materie?
Und ist die Liebe etwa nur
physisch und chemisch?
Gewiss, wir sind die Wechselwirkung
elektromagnetischer Felder.
Doch was ist dieses Geheimnis,
dass wir Menschen sind?

Ernesto Cardenal [41]

Wie sich das Leben selbst erfand – Wie Gene Menschen bauen

So lauten die Überschriften in einer Zeitschrift, die sich mit der Entstehung des Lebens und insbesondere des menschlichen Körpers beschäftigt[42]. Millionen Spermien bestürmen eine einzige Eizelle. Aber nur ein einziges kommt durch. Was dann geschieht, grenzt an ein Wunder: »Aus dem befruchteten Ei erwächst ein hochkompliziertes Wesen mit Hand und Fuß, mit Hirn und Verstand. Mit genialen, kaum erforschten Mechanismen steuert die Zellmaschinerie ihre eigene Entwicklung.«[43]

Wie sieht diese Entwicklung aus? Mit der Befruchtung der Eizelle beginnt das Leben. Durch Teilung werden aus einer Zelle zwei, dann vier usw. Bereits nach drei Wochen sind Leber, Herz, Arm- und Beinknospen zu erkennen. Nach sieben Wochen haben sich die charakteristischen Körperformen ausgebildet. Nach drei Monaten sind die typisch menschlichen Gesichtszüge, die Augen, Ohren, Hände, Arme, Finger und Zehen nahezu voll entwickelt. Das Kind bewegt sich in der Fruchtblase frei.

Nach neun Monaten hat sich der menschliche Körper mit seinen 100 Billionen verschiedenartiger Zellen gebildet, die nicht nebeneinander her existieren. Nur durch ihr Zusammenwirken machen sie den menschlichen Körper lebensfähig.

Betrachtet man die verschiedenen Wirbeltiere in frühen Phasen ihrer Entwicklung, so lässt sich nicht erahnen, was aus ihnen werden wird: ein Fisch, ein Reptil, ein Vogel, ein Schwein – oder ein Mensch. Sie alle ähneln sich in diesem Stadium wie Geschwister (vgl. die Abb. S. 60).

Und doch muss in ihnen ein spezielles Programm stecken – und zwar von vornherein –, das sie zu dem werden lässt, was in dem befruchteten Ei angelegt ist.

Ein Geheimnis der Natur

Seit jeher haben sich die Biologen dafür interessiert, wie aus einer einzigen Zelle so komplizierte Organismen wie der Mensch entstehen können. Woher weiß eine Zelle, was sie in einem jeden Augenblick zu tun hat? Wann ist ein Arm oder ein Fuß oder das Auge im Kopf fertig entwickelt? »Woher wissen die Zellen am Ende eines sich entwickelnden Armes, dass sie sich nicht in vier oder sechs, sondern in fünf verschiedene Finger aufspalten müssen, von denen einer abspreizbar sein muss und an der rechten Hand links und an der linken rechts zu sitzen hat?«[44] »Wie erfährt eine Zelle, wann sie mit dem Wachstum aufzuhören hat? Kein Mensch darf so groß werden wie eine Giraffe. Schon bei der Ausbildung von Händen im Embryo müssen irgendwann jene Zellen ihr Wachstum einstellen, die anfangs die Zwischenräume zwischen den entstehenden Fingern ausfüllen. Jedenfalls beim Menschen – nicht aber bei der Ente, die genau diese Zellen braucht, um Schwimmhäute auszubilden.«[45]

Entwicklungsbiologen wie Nüsslein-Volhard[46] sind diesen Fragen nachgegangen. Was ist das Ergebnis ihrer Forschungen? Das befruchtete Ei enthält von vornherein ein festgelegtes Programm. Schaltzentrale aller Vorgänge ist der Zellkern, der einen Durchmesser von weniger als ein hunderttausendstel Millimeter (!) hat.

Jeder Zellkern enthält so viele Informationen wie vergleichsweise eine Bibliothek mit 100 000 Bänden. Die 350 unterschiedlich spezialisierten Zellen des Menschen dürfen jedoch ihre Informationen und Pläne nur aus jenen Büchern holen, die einzig und allein für sie wichtig sind. Alle andern sind für sie tabu.

Wenn zum Beispiel die Blutzellen nur ihre Bücher lesen dürfen, dann gilt dasselbe auch für sämtliche Tochterzellen. Vom ersten Augenblick an müssen sie das wissen. Nicht auszudenken, was geschehen würde, wenn sie – oder auch andere Zellen – die Bücher verwechselten.

Was in diesen Büchern steht, wie kompliziert und umfangreich die Programme und Anordnungen sind, soll nun an einigen wenigen Beispielen gezeigt werden.

Das Blut – Gesundheitspolizei und Energieversorger

Nehmen wir einen Tropfen Blut. Die scheinbar gleichmäßig rote Flüssigkeit löst sich unter dem Mikroskop in viele Einzelzellen auf, die in einer gelblichen Flüssigkeit, dem Blutserum, schwimmen. In diesem Blutserum fallen die roten und die weißen Blutkörperchen auf.

Die wichtigste Aufgabe der roten Blutkörperchen besteht darin, dass sie alle Zellen unseres Körpers mit Sauerstoff versorgen. Wenn man bedenkt, dass unser Körper aus 100 Billionen Körperzellen besteht, dann ist das eine ungeheure Arbeit, die vom Blut geleistet werden muss.

Dementsprechend groß ist auch die Anzahl der roten Blutkörperchen. Ein erwachsener Mensch hat etwa 25 000 Milliarden davon, die aneinander gereiht einen Faden von 200 000 Kilometer Länge ergeben. Dieser Faden würde fünfmal um die Erde reichen. Da die roten Blutkörperchen nur eine kurze Lebensdauer haben, werden im Knochenmark täglich mehr als 200 Millionen neu gebildet.

Die weißen Blutkörperchen sind nicht so zahlreich wie die roten. Auf etwa 700 kommt ein weißes. Die weißen Blutkörperchen sind die »Gesundheitspolizei« des Körpers. Überall, wo Krankheitserreger in unsern Körper eindringen, sind sie zugegen, um sie mit den verschiedensten Methoden zu erlegen.

Auch das Blutserum, in dem sich die roten und weißen Blutkörperchen bewegen, sorgt sich um unsere Gesundheit. Es macht unsern Körper immun gegen zahlreiche Krankheitserreger, die im Staub und in der Luft enthalten sind.

Vor einigen Jahren erhielt der Japaner Susumu Tonegawa den Medizin-Nobelpreis für seine Arbeiten über das Immunsystem des menschlichen Körpers. Wie lebensnotwendig ein gut funktionierendes Immunsystem ist, wissen wir spätestens seit dem Auftreten der Immunschwäche-Krankheit Aids. Versagt die Körperabwehr, erkrankt der Mensch an Schnupfen, Grippe, Malaria, Gelbsucht, Aids oder auch an Krebs. In vielen Fällen bedeutet das unausweichlich den Tod.

Das Immunsystem ist ein »faszinierendes Beispiel für die Genialität der Natur« (Tonegawa): Die verschiedenen Zellen des Immunsystems patrouillieren unablässig durch den Körper in ständiger Alarmbereitschaft. Sie können eine praktisch unbegrenzte Vielfalt fremder Zellen und Substanzen erkennen und von körpereigenen unterscheiden. Dringt ein Krankheitserreger in den Körper ein, so wird er aufgespürt und die Abwehrzellen machen regelrecht mobil, um ihn außer Gefecht zu setzen. Sie verfügen außerdem über eine bemerkenswerte Eigenschaft: Sie können sich nämlich an jede Infektion »erinnern«, so dass bei einer erneuten Ansteckung der Organismus mit dem Erreger kurzen Prozess machen kann und die Krankheit erst gar nicht zum Ausbruch kommt oder leichter verläuft.

Unser Herz – ein Transporteur von 125 Millionen Liter Blut
Der Körper eines erwachsenen Menschen enthält fünf Liter Blut. Dieses Blut fließt ununterbrochen durch ein geschlossenes Röhrensystem. Die Pumpe, die dafür sorgt, ist unser Herz, ein etwa 300 Gramm schwerer Muskel, der sich in der Sekunde 60- bis 70-mal zusammenzieht. Mit 100 000 Schlägen presst es täglich die fünf Liter Blut durch unsern Körper. Das entspricht einer Menge von 15 000 Litern, die das Herz durch unsern Körper befördern muss. Im Laufe von 70 Jahren schlägt unser Herz zweieinhalb Milliarden mal. Dabei transportiert es nicht weniger als 125 Millionen Liter Blut. Wollte man diese Flüssigkeitsmenge mit der Bahn befördern, benötigt man dafür mehr als 8500 grosse Kesselwagen. Diese ergäben eine Zuglänge von 85 Kilometer[47]. Das entspricht in etwa der Entfernung von Ulm bis zum Bodensee.

Jede Zelle eine chemische Fabrik
Unser Körper besteht aus 100 Billionen Körperzellen. Jede Körperzelle ist ein Lebewesen für sich. Im 1. Teil des Buches wurde bereits berichtet, wie kompliziert der Aufbau einer Zelle ist, die sich mit einer chemischen Fabrik vergleichen lässt. (s.S. 25) Der sehr komplizierte menschliche Körper ist auf das Zusammenspiel aller seiner Zellen angewiesen. Indem er sich aller Fähigkeiten seiner Zellen bedient, kann er Hochleistungen vollbringen. Das ist aber nur möglich, wenn alle Zellen voneinander erfahren. Das geschieht durch ein leistungsfähiges Nachrichtenwesen unseres Nervensystems, das Meldungen ans Gehirn weiterleitet und von ihm »Befehle« erhält.

Unser Nervensystem ist das komplizierteste Nachrichtennetz der Welt
Das Nervensystem ist eine Arbeitsgemeinschaft von mehr als 10 Milliarden Zellen. Jede Nervenzelle hat Kontakte zu mehr als 10 000 anderen Nervenzellen. Sie alle bilden ein Nachrichtennetz, das hundert mal komplizierter ist als das gesamte elek-

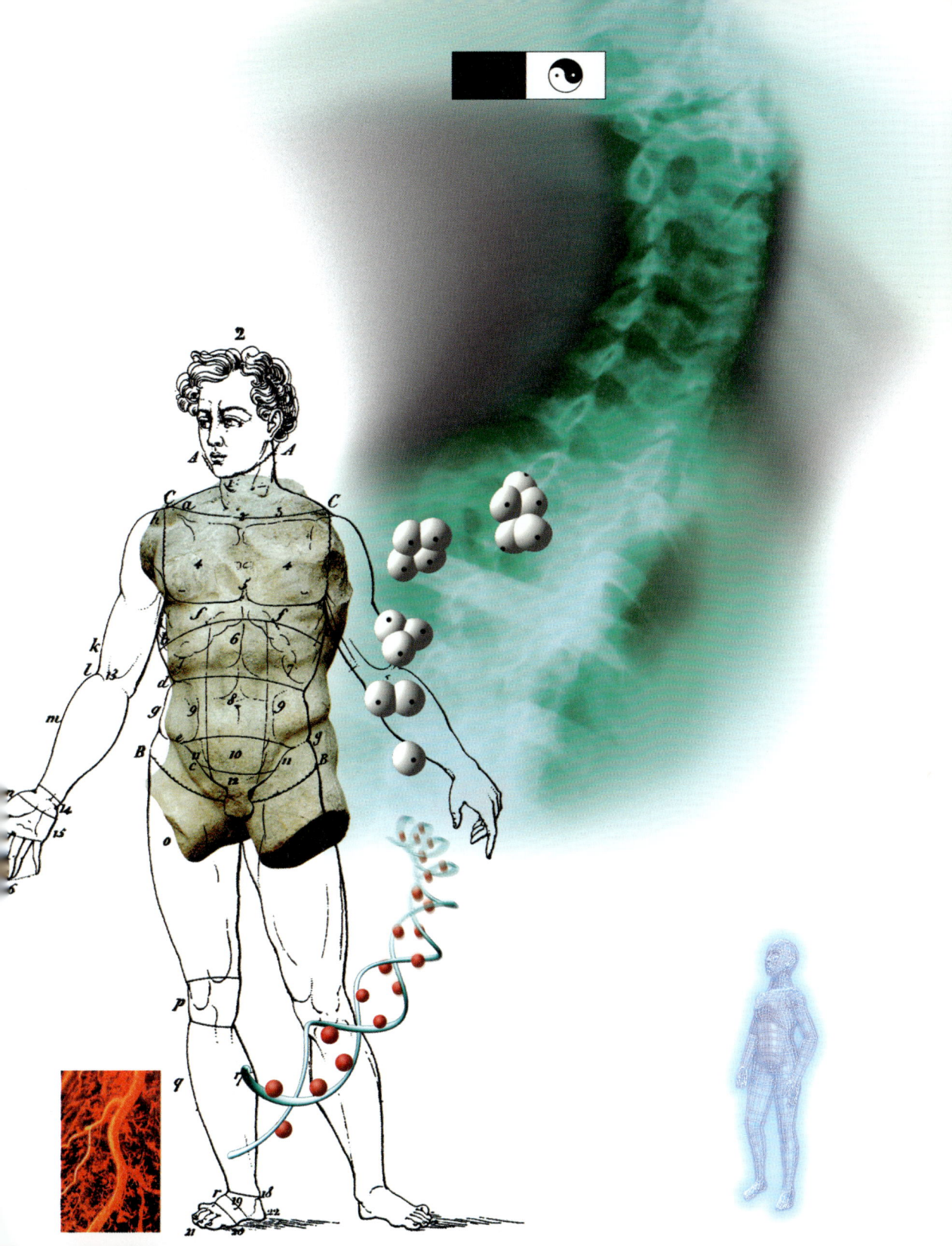

Zum Nachdenken

»Ich glaube,
dass das Universum eine Evolution ist.

Ich glaube,
dass die Evolution auf den Geist hingeht.

Ich glaube,
dass sich der Geist im Personalen vollendet –
im Menschen.«

Teilhard de Chardin (vgl. S. 153f.)

Das Bild zeigt den Menschen als biologisches Wunderwerk, mit seinem Rückgrat, seinen Genen, seinen Organen, seinem Blutkreislauf. Es visualisiert den Menschen in seiner Einmaligkeit sowohl in biologischer Hinsicht, als auch in seiner geistigen Unverwechselbarkeit. Das Yin-Yang-Zeichen symbolisiert die dialektische, weiblich-männliche Natur des menschlichen Geistes.

tronische Nachrichtennetz der Erde und leistungsfähiger als 1000 Elektronengehirne. Sie können Nachrichten mit einer Geschwindigkeit von 120 Metern in der Sekunde weitergeben, das sind – umgerechnet – mehr als 400 Kilometer in der Stunde.

Die Kapazität des Gehirns »ist weitgehend unbekannt, aber sie lässt sich ermessen, wenn man sie mit den perfektesten Computern vergleicht, die heute hergestellt werden. Eine Zelle kann die Dateneingaben von 100 000 anderen aufnehmen; das Hirn muss Trillionen von Verschaltungen enthalten.«[48]

Der eingebaute Thermostat

Unser Nervensystem und unser Gehirn können nur dann einwandfrei arbeiten, wenn sie bei konstanter Temperatur gehalten werden. Wenn unsere Körpertemperatur bei einem Fieberanfall auf 41 Grad oder 42 Grad Celsius steigt, verfallen wir in Fieberfantasien. Wird unser Körper dagegen auf 34 Grad Celsius unterkühlt, werden wir bewusstlos und erleiden nach relativ kurzer Zeit den Kältetod. Es war eine bedeutende Erfindung der Natur, dass sie Lebewesen schaffen konnte, die einen »eingebauten Thermostaten« haben, damit die ideale Temperatur von 37 Grad Celsius aufrecht erhalten bleibt. Das ist erstaunlich, wenn man bedenkt, dass alle Menschen, die je gelebt haben, die jetzt leben und jemals leben werden, schon vor der Geburt und dann das ganze Leben hindurch bis zum Tod immer bei dieser Temperatur von 37 Grad Celsius gehalten werden.

Unsere Lunge

Damit unsere Körperzellen Energie erzeugen können, müssen sie ständig mit Sauerstoff versorgt werden. Bei der Energieerzeugung selbst entsteht das giftig wirkende Kohlendioxid, das aus unserm Körper wieder entfernt werden muss. Für diesen Austausch sorgt das Blut, das bei seinem Kreislauf durch unsern Körper die Zellen mit Sauerstoff versorgt und vom Kohlendioxid befreit. Das Organ, das diesen Austausch in unserm Blut vornimmt, ist die Lunge. Unsere Lunge gehört zu den kompliziertesten Organen unseres Körpers. Im Schnitt macht sie den Eindruck eines Gummischwamms, der aus zahlreichen Bläschen besteht. In 400 Millionen – andere sprechen sogar von 750 Millionen – winzigen Bläschen pendelt unsere Atemluft hin und her. Die Oberfläche aller Lungenbläschen beträgt etwa 100 Quadratmeter. In diesen Lungenbläschen trennt nur noch eine hauchdünne Wand das Blut von der Atemluft. Durch die Wand geschieht in einem komplizierten Vorgang der Ausgleich: Das Blut wird mit neuem Sauerstoff beladen, während gleichzeitig das Kohlendioxid in dem vorbei streichenden Luftstrom entkommt.

Unsere chemischen Fabriken: Leber und Niere
Unser Körper braucht zum Leben und Arbeiten Nahrung, die er nach ihrer Aufnahme zerlegt und auswertet. Das geschieht durch die Verdauung. Unsere Verdauung ist ein überaus komplizierter Vorgang. Dabei spielen Leber und Nieren eine besondere Rolle. Die Leber ist – kurz gesagt – eine chemische Fabrik, die zahlreiche Aufgaben zu erfüllen hat: so die Produktion von Galle und anderen Verdauungssäften; die Umwandlung, Freisetzung und Speicherung von Kohlehydraten; die Lagerung von Eisen und Vitaminen; die Regulierung des Fett- und Cholesteringehaltes; die Herstellung von rund 30 Substanzen, die die Blutgerinnung regulieren; die Reinigung des Blutes von Bakterien und vieles mehr[49].

Unsere Nieren lassen sich mit einer Kläranlage vergleichen, die u.a. den Wasserhaushalt des Blutes und den Mineralhaushalt des gesamten Organismus regelt. Innerhalb von 24 Stunden werden die fünf oder sechs Liter Blut nicht weniger als 300 mal durch die Nieren geleitet. Das sind 1 500 bis 1 800 Liter mit einem Gewicht von mehr als eineinhalb Tonnen. Unsere Nieren erweisen sich unter dem Mikroskop als ein sehr kompliziertes System feinster Röhrchen, den so genannten Harnkanälchen. Könnte man die etwa 100 Millionen Harnkanälchen aneinanderreihen, ergäben sie eine Länge von 25 Kilometer.

Die Leistungsfähigkeit der Nieren ist neunmal größer als sie zur Gesunderhaltung des Körpers nötig wäre. Auch hier zeigt sich die weise Voraussicht der Natur, die selbst an größere »Störanfälle« gedacht hat. Auch wenn eine Niere ganz ausfallen sollte, kann der Mensch mit einer Niere weiterleben.

Diese wenigen Beispiele zeigen nur ein paar Seiten oder Kapitel von jenen 100 000 geheimnisvollen Bänden der »Bibliothek«, die unserm Zellkern zur Verfügung stehen. Das Ergebnis ist der menschliche Körper in seiner Leistungsfähigkeit – aber auch der Mensch in seiner Einmaligkeit.[50]

Der Mensch in seiner Einmaligkeit

Jeder Mensch stellt in kosmischer Sicht
eine Kostbarkeit dar.
»In hundert Milliarden Galaxien
werden wir seinesgleichen
nicht noch einmal begegnen.«

Carl Sagan

Vor kurzem ereignete sich ein schwerer Verkehrsunfall, bei dem der Beifahrer getötet wurde. Ein Schüler, der kurz vor dem Abitur stand, hatte den Führerschein gemacht. Was macht er in solch einer Situation? Er lädt seinen Freund ein, um mit ihm zusammen die »große Freiheit und Beweglichkeit« zu genießen. Bei einer gefährlichen Kreuzung dachte er nicht an die Vorfahrtsregeln, die er kurz zuvor gelernt hatte. So kam es zu einem Unfall, bei dem der Beifahrer den Tod fand. Die Mitschüler und das Lehrerkollegium waren von dem Vorfall sehr betroffen.

Bei der Beerdigung, die unter großer Anteilnahme der Bevölkerung – vor allem der Jugend – stattfand, sagte der evangelische Pfarrer: »Hans ist nun unter tragischen Umständen von uns gegangen. Wir bedauern das sehr und nehmen teil an der Trauer und dem Schmerz seiner Familie. In seiner Einmaligkeit kann Hans niemals ersetzt werden. Er hinterlässt eine Lücke, die von niemanden gefüllt werden kann. Jeder von uns ist zwar ersetzbar. Aber es ist nur ein ›Ersatz‹«.

Warum? Jeder Mensch ist einmalig. Das hängt mit der Sexualität zusammen. Durch sie wird der Genbestand – der »gene pool« – ständig nach Zufallsgesetzen durchmischt, so dass zahllose neue genetische Möglichkeiten entstehen. Das Leben eines jeden Menschen beginnt mit der befruchteten Eizelle, der Zygote. Eine der 40 000 genetisch unterschiedlichen Eizellen der Frau wird von einer der über 100 Millionen Samenzellen des Mannes befruchtet, die ebenfalls genetisch verschieden sind. Diese ungeheuren Kombinationsmöglichkeiten bewirken, dass keine zwei Menschen auf Erden völlig gleich sind. Selbst eineiige Mehrlinge unterscheiden sich voneinander. Jeder Mensch ist einmalig und unverwechselbar! Das gilt für die Vergangenheit wie auch für die Zukunft:

Weder vor mir lebte ein Mensch, der mir gleich war, noch wird es in Zukunft jemals einen Menschen geben, der mir gleich sein wird. Mit dieser Einmaligkeit sind besondere Eigenschaften und Fähigkeiten verbunden, die mich von andern Menschen unterscheiden.

Ist all das Zufall? Oder sind wir Menschen Teil eines Planes, der sich in den 11 bis 15 Millarden Jahren seit dem »Urknall« verwirklicht hat? Welche Stellung nehmen wir im gesamten Evolutionsgeschehen ein?

Schwerpunkt der Illustration ist die Auseinandersetzung mit Krieg und Kernkraft, die Dialektik des menschlichen Geistes, der mit seiner Fähigkeit zur Innovation gleichzeitig die Kraft der Zerstörung in sich birgt und seiner Verantwortung nur bedingt gewachsen ist. Das Atom steht als Symbol für diesen Widerspruch: Seiner Erforschung verdankt die Menschheit Hilfen aber auch Schreckenserfahrungen. Die Auflösung der Bildelemente in Zeitungsraster und Fernsehzeilen ist Verweis auf die Informationsflut, der wir täglich ausgesetzt sind (vgl. S. 70-79).

2 Der Mensch im »evolutiven« Geschehen

Ist der Mensch ein Zufallsprodukt der Evolution?

Unsere eigene Existenz
ist in die Naturgesetze »hineingeschrieben«.
Wir scheinen offensichtlich
Teil eines großen Planes zu sein.

Paul Davies

In seinem Buch »Zufall oder Notwendigkeit« führt der französische Molekularbiologe und Nobelpreisträger Jacques Monod die Entstehung und Entwicklung der gesamten belebten Natur auf rein zufällige Zusammenstöße von Atomen und Molekülen zurück. Dass wir leben, verdanken wir reinem Zufall. Für Jacques Monod ist die Existenz des Menschen eine »Gewinn-Nummer in der gigantischen Lotterie der Natur.« Die Wahrscheinlichkeit, dass der Mensch entstehen konnte, ist nach seiner Meinung fast null. Der Mensch ist daher nicht der Höhepunkt der Evolution; er ist nicht ihr Ziel, sondern ein »Zigeuner am Rande des Universums, das für seine Musik taub ist und gleichgültig gegen seine Hoffnungen, Leiden und Verbrechen.«[51]

Jacques Monod drückt damit das aus, was mancher von uns vielleicht empfindet. Am Rande der Milchstraße, in einem unvorstellbar großen Universum liegt der Gedanke nahe, der Mensch sei ein »Zigeuner am Rande des Universums.« Hinzu kommt das Gefühl der Ohnmacht und Hilflosigkeit gegenüber vielen äußeren Umständen wie damals nach dem Unfall im Kernkraftwerk von Tschernobyl; oder heute bei den unzähligen Kriegen, in denen Millionen von Menschen wehrlos und sinnlos umgebracht werden. Wer hört unsere »Musik«, wer hilft uns in unserer Not? Hat nicht Jacques Monod Recht, wenn er sagt, der Mensch verdanke seine Existenz dem reinen Zufall?

Gegen diese Überlegungen haben in jüngster Zeit namhafte Biologen und Evolutions-forscher schwerwiegende Bedenken geäußert. Mir scheint es wichtig zu sein, dass wir zunächst den Begriff »Zufall« klären. Zufall kann bedeuten, dass etwas geworden ist, ohne gewollt und geplant zu sein.

Von Zufall sprechen wir aber auch in einem anderen Zusammenhang: Seit dem Unfall von Tschernobyl wissen wir alle, dass Jod 131 – ein radioaktiver Stoff – eine Halb-wertszeit von acht Tagen hat. Was bedeutet das? Von einer bestimmten Masse des radioaktiven Jods zerfällt die Hälfte in acht Tagen. Von der übrig gebliebenen Hälfte zerfällt in den nächsten acht Tagen wiederum die Hälfte und so weiter. Wir wissen, dass in einer bestimmten Zeit eine bestimmte Masse des radioaktiven Materials zerfallen ist. Wir können aber nicht sagen, welcher der Kerne dazugehört. Wenn ein bestimmter Atomkern dazugehören sollte, ist das »Zufall«. Wir sprechen dann von einem »statistischen Zufall«. Dieser Zufall besagt aber nicht, dass in der Natur keine Gesetzmäßigkeit und Ordnung besteht. Die Physiker kennen das »Zerfallsgesetz«, das besagt, dass von einer bestimmten Masse eines radioaktiven Materials eine bestimmte Anzahl von Atomkernen in einer bestimmten Zeit zerfällt. Mit diesem Gesetz können sie aber nicht vorausbestimmen, welcher Kern es dann ist. Ein statistischer Zufall setzt also durchaus Gesetz und Ordnung voraus.

Auch Nichtnaturwissenschaftler verwenden häufig diesen Begriff.

Ein Beispiel: Wenn ein Skeetschütze an einem Wettkampf teilnimmt, so weiß er, dass er 95 von 100 Tontauben treffen kann. Er weiß aber nicht, welche Tontaube er trifft. Er weiß auch nicht, welcher Schuss erfolgreich sein wird. Wenn eine bestimmte Kugel trifft oder wenn eine bestimmte Tontaube getroffen wird, dann ist das ganz »zufällig«. Solche statistischen Zufälle spielen sicherlich bei der Entstehung und Entwicklung des Lebens auf dem langen Weg vom Urknall bis zum Menschen eine wichtige Rolle. Aber kann man deshalb schon sagen: »Alles ist durch Zufall entstanden!«?

Gibt es nicht auch Hinweise darauf, dass hinter dem gesamten Entwicklungsprozess ein Plan stecken könnte? Diese Frage ist so wichtig, dass sie im 3. Teil des Buches ausführlich behandelt wird. Ohne das Ergebnis in seiner vollen Bedeutung vorweg-zunehmen, sei hier nur das eine angedeutet:

Wir finden in der Natur viele Hinweise darauf, dass nicht der Zufall Motor des gesamten Evolutionsgeschehens war. Für John Eccles[52] führt »die Kette der Zufälligkeiten ... unmissverständlich auf den Planeten Erde zu, als folge sie ... einem großen Plan«, wobei wir Menschen keine Kreaturen des Zufalls und der Notwendigkeit sind, sondern »Hauptdarsteller in dem großen kosmischen Drama.«[53]

Zu ähnlichem Ergebnis kommt Freeman Dyson[54], ein prominenter Physiker und Astrophysiker. Er antwortete Monod auf dessen Bemerkung: »Endlich weiß der Mensch, dass er allein in der gefühllosen Weite des Universums ist, aus der er lediglich durch einen Zufall auftauchte!« Seine Antwort: »Gewiss sind wir durch Zufall in diesem Universum aufgetaucht, aber der Begriff Zufall selbst ist nichts als ein Deckmäntelchen für unsere Unwissenheit. Ich komme mir in diesem Universum nicht wie ein Fremdling vor, und je mehr ich es untersuche und die Einzelheiten seines Baus studiere, desto mehr Belege finde ich dafür, dass das Universum in irgendeinem Sinn von unserm Auftreten gewusst haben muss.«[55] Das Weltall ging offensichtlich mit besonderen Eigenschaften hervor, die es zu einem für uns Menschen lebensfreundlichen Weltall machten.

Wenn der Mensch nicht durch Zufall entstanden ist, wenn vieles darauf hindeutet, dass das Universum von Anfang an mit dem »Leben schwanger« war, dann ist die Frage berechtigt: Ist der Mensch etwa »Ziel« dieses ganzen evolutiven Prozesses?

Ist der Mensch »Ziel« der Evolution?

Es gibt denkende Wesen;
deshalb muss der Kosmos so beschaffen sein,
dass er die Existenz
von denkenden Wesen hervorbringen kann[56].

Robert Wesson

Das ist sicherlich eine Binsenweisheit. Doch dahinter steht die Frage: Welche Voraussetzungen mussten erfüllt sein, damit der Mensch auf die Welt kommen konnte? Die Voraussetzungen werden meist in physikalischen Gesetzen gesucht. Eines davon – wohl das wichtigste – ist das Gravitationsgesetz:

Wenn ich eine Kugel in Bewegung setze, bewegt sie sich geradlinig fort, bis eine von außen wirkende Kraft sie veranlasst, ihre Richtung oder ihre Bewegung zu ändern. Die Erde, die sich auf einer Kreisbahn – genau genommen auf einer Ellipsenbahn – um die Sonne bewegt, fliegt geradlinig davon, wenn sie nicht durch eine Kraft von der Sonne gehalten wird. Das ist der Fall. Die Sonne übt auf die Erde eine Anziehungskraft aus und umgekehrt auch die Erde auf die Sonne. Letztere ist jedoch wegen der »geringen« Masse der Erde – verglichen mit der Masse der Sonne – so klein, dass sie sich kaum auswirkt. Durch die Anziehungskraft der Sonne und der gleich großen Fliehkraft der Erde wird diese auf der Kreisbahn gehalten.

Das ist nicht alles. Die Erde hat darüber hinaus den genau richtigen Abstand von der Sonne, den sie braucht, damit sie von ihr das rechte Maß an Licht und Wärme erhält. Kein Leben könnte auf der Erde existieren, wenn die Sonne heißer oder kälter, größer oder kleiner wäre oder wenn sich unsere Entfernung zu ihr auch nur um einen geringen Betrag ändern würde. In allen Fällen bedeutet das für uns den Tod – durch Verbrennen oder Erfrieren.

Doch nicht nur unser Leben hängt von dieser zwischen Sonne und Erde wirkenden Anziehungskraft ab. Das gesamte Weltall verdankt ihr seine Existenz. Wäre die Anziehungskraft gleich im Anfang auch nur um ein Tausendmilliardstel[57] größer gewesen, wäre das Weltall nach 50 Millionen Jahren wieder in sich zusammengestürzt. Kleiner durfte sie auch nicht sein. Denn dann hätte sich das All zu schnell ausgedehnt mit der Folge, dass sich keine Galaxien und damit auch keine Sterne hätten bilden können. Dann gäbe es keine Sonne und damit kein menschliches Leben.

Damit sich das Weltall bilden und Leben entstehen konnte, musste die Anziehungskraft genau die Größe haben, die sie hat. Diese Genauigkeit können wir uns an einem Bilde veranschaulichen: Stellen wir uns vor, wir wollten auf eine Zielscheibe schießen, die einen Durchmesser von zwei Zentimeter hat und sich auf der entgegengesetzten Seite des Universums in einer Entfernung von 15 Milliarden Lichtjahren befindet. Um die Scheibe zu treffen, bedarf es einer uns unvorstellbaren Zielgenauigkeit. Mit dieser Zielgenauigkeit lässt sich jene Genauigkeit vergleichen, die beim Urknall den gesamten Entwicklungsprozess in Gang brachte, damit das Universum entstehen konnte.

Das »Universum musste also, auf des Messers Schneide, sozusagen, eine Balance halten – und diese Schneide war in der Tat sehr scharf.«[58]

Wären die Anfangs-Bedingungen, unter denen sich das Universum entwickelte, auch nur geringfügig anders gewesen, – so lehrt die Astrophysik –, hätte kein Leben entstehen können[59].

Manche Naturwissenschaftler folgern daraus: Der Mensch war von Anfang an Zweck und Ziel der Naturgesetze: Der Kohlenstoff, aus dem wir bestehen, die Erde, auf der wir gehen und die Luft, die wir atmen, sind vor Milliarden von Jahren aus dem Innern der Sterne entstanden, die nun erloschen sind. Die Naturgesetze, der Anfangszustand des Universums und die Eigenschaften von Materie, Energie und Raum/Zeit führen – so scheint es – zwangsläufig über die leblose Materie, die Pflanzen und Tiere zu Lebewesen mit wachsendem Selbstbewusstsein und Intelligenz. Die menschliche Existenz ist in dieses Geschehen eingebettet. Ja, man könnte sagen: Die Geschichte der Menschheit – und damit meine eigene Geschichte – begann dort, wo die Grundlagen der Evolution gelegt wurden: im Urknall. Denn sowohl die naturgesetzliche Struktur des Weltalls wie auch der besondere Entwicklungsablauf wirkten so in einer einmaligen Weise zusammen, dass eine intelligente Zivilisation entstehen konnte.

»Wir, die Kinder des Universums – belebter Sternenstaub –, können ... über dieses Universum nachdenken und sogar Einblick in die Regeln erhaschen, nach denen es abläuft. Wie wir mit dieser kosmischen Dimension verbunden wurden, ist ein Geheimnis. Aber die Verbindung lässt sich nicht leugnen.«

Paul Davies fragt dann: »Was bedeutet das? Was ist der Mensch, dass er diese Gunst genießt?« Er antwortet: »Ich kann nicht glauben, dass unsere Existenz in diesem Weltall eine Laune des Schicksals ist, ein historischer Zufall, ein kleines Versehen in dem großen kosmischen Drama. Wir sind zu beteiligt. ... die Existenz von Geist und Verstand in einem Lebewesen auf einem Planeten im Weltall ist sicherlich eine höchst bedeutungsvolle Tatsache. Durch bewusste Wesen wurde im Universum Bewusstsein erzeugt. Dies kann keine triviale Einzelheit sein, kein unwichtiges Nebenprodukt sinnloser, zielloser Kräfte. Wir sind dazu da, hier zu sein.«[60]

»*Lernen – das wurde die Evolution!*«

Als der Mensch erschien
hörten alle andern Zweige des Baumes auf
zu wachsen.
Wir haben nicht wie die Vögel
das Gelernte ererbt,
sondern die Fähigkeit, zu lernen.
Der Mensch lernendes Tier.
Die Auster von vor 150 Millionen Jahren
ist die aus den Restaurants.
Die Antilope hat sich in zwei Millionen Jahren
nicht verändert,
doch diejenigen, die die Antilope jagen,
sehr wohl.

Lernen, das wurde die Evolution!

Ernesto Cardenal [61]

Wenn auf einer Olympiade neben uns Menschen auch Tiere zugelassen würden, so wäre es um Goldmedaillen für uns Menschen schlecht bestellt: die langfüßigen Katzen Afrikas und die Geparden legen Kurzstrecken von 100 Metern in weniger als vier Sekunden zurück. Sie erhalten das Gold. Die Mittelstrecken werden von Pferden, die Langstrecken von Wölfen beherrscht. Gold für Hochsprung geht an die Gazellen, für Weitsprung an Leoparden und Tiger. Disziplinen wie Gleitflug, Kunstflug, Streckenflug und Navigationsflug kommen für den Menschen erst gar nicht in Frage.

Nur eine einzige Goldmedaille kann der Mensch gewinnen: im Zehnkampf. Kein Delphin und kein Wolf, kein Gepard und kein Seeadler, keine Gazelle und kein Känguruh können in den Disziplinen Diskuswerfen, Kugelstoßen, Stabhochsprung oder Speerwerfen auch nur einen einzigen Punkt erreichen. Die Tiere haben sich alle auf Höchstleistungen in einem engen Bereich spezialisiert und dadurch die Überlebenschance ihrer Gattung gesichert. Anders ist es beim Menschen. Er hat sich nicht spezialisiert. Seine Fähigkeiten sind vielgestaltiger. Doch das, was ihn vor allen andern Lebewesen insbesondere auszeichnet, ist seine Intelligenz. Nur wir Menschen können gemeinsam planen; nur wir können mit Hilfe von Werkzeugen und Feuer die Umwelt beherrschen. Der unerhörte Überlebenserfolg des Menschen liegt in seiner Intelligenz, mit der es ihm gelang, das Wesen der Zeit zu begreifen. »Alle anderen Lebewesen existieren nur in der Gegenwart. Für den Menschen jedoch gibt es eine Vergangenheit, aus der er Erfahrungen schöpfen kann, eine Gegenwart, die er jeweils meistert, und eine Zukunft, für die er plant.«[62]

Durch unsere Intelligenz überragen wir alles, was vor uns geworden ist und geschaffen wurde. Das ist kein Grund zu Überheblichkeit. Denn durch unsere Intelligenz wissen wir auch, dass wir keine »Außenseiter« in der Entwicklung und Entfaltung des Lebens sind, sondern ein Glied im gesamten Entwicklungsprozess.

Der Mensch ist dank seiner genetischen Ausstattung in der Lage, zu lernen, Wissenschaft zu betreiben und sein Wissen zu verbreiten. Lernen und damit Erfahrung weitergeben ist im gesamten Evolutionsgeschehen vorgegeben. Bei uns Menschen hat es dazu geführt, dass wir die Natur ganz bewusst beobachten und fragen: Welche Gesetze haben dazu geführt, dass das Universum so geworden ist, wie es ist? Wir haben Wissenschaften entwickelt und die Erkenntnisse der Wissenschaften in der Technik umgesetzt. So ist es uns gelungen, den Mond zu »erobern«, die Energie und Kraft der Atome in Atombomben zu komprimieren und die genetische Ausstattung des Menschen zu erforschen – und zu verändern. Aber all das verlangt ein Verantwortungsbewusstsein in besonders hohem Maße. Kriterien für unser Handeln müssen letztlich Achtung und Verantwortung sein – nicht der wirtschaftliche Fortschritt.

Es scheint jedoch, als sei der Mensch in seiner Verantwortung maßlos überfordert. Wenn wir daran denken, wie der Mensch seine Intelligenz nutzt, kann man die Jugend gut verstehen, die sich um ihre eigene Zukunft und die der Erde Sorgen macht.

Wovor Jugendliche Angst haben

Wir sind ein Zwischenglied
zwischen dem Tier und dem
wahrhaft humanen Menschen.

Konrad Lorenz

Die Katastrophe von Tschernobyl ist (noch) nicht vergessen

Bei einer Umfrage unter Abiturienten – bei Jugendlichen also, die ihr Leben noch vor sich haben – gaben die meisten an, sie hätten Angst vor der Atomindustrie. Das war nach der Reaktor-Katastrophe von Tschernobyl am 26. April 1986. Ein Schüler hatte sich über frühere Unfälle informiert und berichtete: 1979 geriet der Three-Miles-Island-Reaktor von Harrisburg zur Kernschmelze. Der nukleare Super-GAU (größter anzunehmender Unfall) wurde gerade noch um 20 Minuten verhindert. Am 14. April 1984 war der 900-Megawatt-Reaktor in dem französischen Atomkraftwerk Bugey beinahe unkontrollierbar geworden. Und dann kam 1986 die Katastrophe von Tschernobyl, von der wir bis heute noch nicht wissen, wie viele Menschen in Russland durch die Folgen dieses Unfalls den Tod fanden oder heute noch unter gesundheitlichen Schäden leiden. Es ist nicht auszuschließen, dass auch hier in Deutschland wegen des Unfalls mehrere tausend Menschen langfristig dem Krebstod zum Opfer fallen. Schließlich hatte der Atomreaktor von Tschernobyl die zweitausendfache Radioaktivität der Hiroshima-Bombe.

Und was geschieht mit dem Atommüll? Die US-Umweltbehörde hat errechnet, dass der Atommüll allein in den USA bis zum Jahre 2000 eine vierspurige Autobahn auf einer Länge von 4 500 km quer durch den US-Kontinent 30 cm hoch eindecken könnte. Ist es nicht erstaunlich, ja erschreckend, dass wir von einem atomaren Überleben reden können, gleichzeitig aber eine Million Dollar pro Minute für Waffen und kosmische Vernichtungskraft ausgeben?

Neben all diesen Überlegungen spielten bei den Jugendlichen auch die verheerenden, unvorhersehbaren Konsequenzen eine Rolle, die durch Sabotageakte von Terroristen oder durch psychisch gestörte Menschen entstehen könnten. Es wurden Namen genannt, die uns allen bekannt sind, die aber hier nicht erwähnt werden sollen.

Es darf sicherlich nicht übersehen werden, dass die Atomforschung auch ihre positive Seite hat. Wie vielen Menschen kann durch die Erfolge der Forschung in schweren Krankheitsfällen geholfen werden? Trotzdem bleibt die berechtigte Angst vor den oben genannten Fakten.

Wie nutzt der Mensch seine Intelligenz?
Die Vereinten Nationen gaben in ihrer Umweltdiagnose eine Antwort, die uns nachdenklich machen müsste. Sie stellten fest: Ein Drittel des Waldbestandes wurde bereits abgeholzt. Die Ackerfläche, auf der unsere Nahrung wächst, ist bis zum Ende dieses Jahrhunderts um ein Drittel geschrumpft. Die Böden werden vergiftet. Für viele Tiere ist das Land schon heute unbewohnbar wie der Mond. Und es wird vorausgesagt, dass fast die Hälfte aller Vogelarten und über ein Drittel unserer Blütenpflanzen das 21. Jahrhundert nicht mehr erleben werden. Die Umwelt wird zerstört durch Verschmutzung des Wassers und der Luft und durch Ablagerungen von Müll. Die Umwelt wird zerstört durch Straßen- und Städtebau, durch Zersiedlung, durch Entwässerung, durch Monokulturen in Wald und Feld. Sie wird erschöpft durch Ausbeutung von Rohstoffen. Die Ozeane werden leergefischt. Sie füllen sich mit Schmutz und werden in einigen Jahren ohne Leben sein. Und damit ist die Hoffnung dahin, dass wir unsere Nahrung künftig aus dem Meer ergänzen können. Wenn diese Entwicklung so weiter geht, wird sich die Erde in eine trostlose Steppe verwandeln. Die Menschheit wird an Hunger, an Sauerstoffmangel und an unheilbaren Krankheiten zugrunde gehen. Nach neuesten Erkenntnissen geht dieser Prozess schneller voran als befürchtet.
Richard Leakey und Roger Lewin haben ein Buch[63] veröffentlicht, das den Titel trägt:

»Die sechste Auslöschung«
Sie berichten darin, wie das Leben auf der Erde bereits fünfmal durch schwere Katastrophen gefährdet war. Die letzte (fünfte) »Auslöschung« geschah vor 65 Millionen Jahren, als ein Komet einschlug und die Riesensaurier vernichtete. 100 Millionen Jahre lang beherrschten sie das Leben auf der Erde. Nun verschwanden sie zusammen mit Millionen anderer Arten von der Erdoberfläche. Gewinner dieser Katastrophe waren jene rattengroßen Säugetiere, die bisher ein »Schattendasein« führten. Sie entwickelten sich weiter bis hin zu uns Menschen.

Leakey und Lewin warnen – zusammen mit zahlreichen anderen Wissenschaftlern –
vor der »sechsten Auslöschung«, die uns Menschen bevorsteht, wenn wir nicht recht-
zeitig »umdenken«. Das wäre mit großer Wahrscheinlichkeit das Ende der Menschheit. Es wäre aber nicht das Ende des Lebens. Aus jenen einfachen Formen, die die
Katastrophe überleben, wird sich das Leben wieder entfalten. Nach der von James
Lovelock entwickelten »Gaia-Hypothese«[64] sind nicht nur die Lebensformen lebendig,
sondern die gesamte Erde. Sie ist ein »Superorganismus«, der sich von schweren
Schicksalsschlägen wieder erholt – dann aber ohne uns Menschen.

Wie ernst die Situation ist, schildert Jörg Zink in seinem Buch »Kostbare Erde«[65]:
Zwei Fensterputzer stürzen aus dem 96. Stockwerk eines Wolkenkratzers in die Tiefe.
Der eine schreit vor Entsetzen auf dem Weg nach unten. Er ruft nach seiner Frau,
nach seinen Kindern. Er ruft nach Gott. Der andere hört sich das an – bis zum zweiten
Stockwerk.

Dann fragt er verärgert: »Warum schreist du denn so? Bis jetzt ist doch überhaupt
nichts passiert.« – Bis jetzt nicht. Aber wer garantiert uns, dass der Sturz nach unten
nicht weitergeht: die Wirtschaft, die Politik oder etwa wir alle, die wir tatenlos
zusehen oder sogar mitmachen, die Umwelt und unsere Lebensbedingungen zu
vernichten?

Zusammenfassung und Überleitung

Das gesamte Evolutionsgeschehen stand im Mittelpunkt der ersten beiden Kapitel:

- die Evolution mit ihren unzähligen Schritten vom Urknall bis zum Menschen;
- die Evolution, die in der Lage war, aus der unbelebten Materie Leben hervorzubringen, das sich dann in vielen Milliarden Jahren bis hin zum Menschen
  entfaltete;
- die Evolution, die immer wieder am Ende zu sein schien und doch jedes Mal aus
  ihren Sackgassen herausfand;
- die Evolution, ein kreatives, schöpferisches, ideenreiches Geschehen, das voller
  Überraschungen war.

All das sind Beobachtungen, die Naturwissenschaftler bei ihrer Arbeit machen konnten. Es sind Ergebnisse naturwissenschaftlicher Forschungsarbeit.

Als interessierte Menschen können wir uns mit diesen Tatsachen allein nicht abfinden. Wir wollen mehr wissen. Uns interessiert die Frage: Woher hat die Natur die Ideen und die Fähigkeit, diese Ideen zu realisieren? Mit diesen Fragen verlassen wir den Bereich der Naturwissenschaften. Es sind »philosophische« Fragen. Ihre Antworten sollen aber weiterhin im Zusammenhang mit naturwissenschaftlichen Erkenntnissen stehen, die wir in den nächsten beiden Kapiteln »philosophisch« hinterfragen.

Zum Nachdenken

»Wir, die Kinder des Universums – belebter Sternenstaub –,
können über dieses Universum nachdenken
und sogar Einblick in die Regeln erhaschen,
nach denen es abläuft.
Wie wir mit dieser kosmischen Dimension verbunden wurden,
ist ein Geheimnis.
Aber die Verbindung lässt sich nicht leugnen.
Die Existenz von Geist und Verstand
in einem Lebewesen auf einem Planeten im Weltall
ist sicherlich eine höchst bedeutungsvolle Tatsache.
Durch bewusste Wesen
wurde im Universum Bewusstsein erzeugt.
dies kann keine triviale Einzelheit sein,
kein unwichtiges Nebenprodukt
sinnloser, zielloser Kräfte.«

Paul Davies (vgl. S. 74)

Viele hatten im Frühjahr 1997 das faszinierende Erlebnis, Hale-Bopp mit eigenen Augen zu sehen. Der Blick in den Himmel kann Erkenntnisse verschaffen, die sich in Fakten und Formeln niederschlagen, er kann ebenso Anlaß sein, die Gedanken zu beflügeln. Der Traum vom Fliegen – mythologisch symbolisiert durch Dädalus (von A. Dürer) – ist so alt wie die Menschheit. Der Mensch hat schon immer Vehikel gebaut, um sein Universum zu erobern und Gedankenmodelle, um es zu verstehen.

III
Ein Planer wird gesucht

1 Der Mensch mit seiner Frage nach dem Anfang

Der Mensch trägt in sich eine Spur,
die ihn nicht vergessen lässt,
dass er woandersher kommt.

Blaise Pascal

Schöpfungsmythen geben ihre eigenen Antworten

Menschen aller Zeiten und Kulturen haben sich über die Entstehung der Welt und des Menschen ihre Gedanken gemacht. Ihre Antworten finden wir in den Schöpfungsmythen. Es würde zu weit führen, all die vielen Mythen im Einzelnen zu behandeln. Wichtiger sind jene Antworten, die den meisten von ihnen zugrunde liegen. Die Menschen versuchten, von ihrer eigenen Umwelt all das wegzudenken, was sie Tag für Tag umgab: die Menschen, die Tiere, die Pflanzen usf. So heißt es in einem sumerischen Gedicht: »Im Jahre, wo ... nichts entstanden (=gewachsen) war, nichts angefangen hatte zu grünen, ... als das Schaf keinen Namen hatte (d.h. nicht existierte), als das Lamm sich nicht vermehrte, ... als das Getreide ... nicht da war,«[66] da wurde die Welt von einem Gott – oder auch von mehreren Gottheiten – aus einer unförmigen, gestaltlosen Masse »erschaffen«. »Erschaffen« heißt also nichts anderes als »Ordnen«. Das Chaos wird geordnet. Es entsteht ein »Kosmos«, eine geordnete Welt, in dem die Pflanzen, die Tiere und der Mensch ihren Lebensraum finden. Im Gegensatz hierzu erzählt das Alte Testament, wie Gott die Welt aus Nichts erschuf.

Die Collage spielt mit den Schöpfungsmythen verschiedener Kulturen. – Der Schöpfer-Gott hat viele Gesichter und Namen. Ursprung und Kern der Spiritualität ist in allen Religionen ähnlich.

Naturwissenschaftler erforschen in Laboratorien den Anfang

Wir geben uns mit den mythischen Erklärungen nicht zufrieden. Wir wollen es genauer wissen. Darum suchen und erwarten wir Antworten von den Naturwissenschaften, die sich dieser Frage angenommen haben.

»Astrophysik und Teilchenphysik begegnen sich in ihren langwierigen Bemühungen, die größte aller Fragen zu beantworten: ›Wie begann das Universum?‹« So steht es in einem Prospekt, der von CERN[67] herausgegeben wurde. Doch was ist CERN? Es ist das europäische Laboratorium für Teilchenphysik, das 1957 in der Nähe von Genf gegründet wurde. Neunzehn europäische Mitgliedstaaten sind die Begründer und Träger dieser Anlage. Es ist eines der größten naturwissenschaftlichen Laboratorien der Welt. Ein 27 km langer, elliptischer Tunnel führt unter der französisch-schweizerischen Grenze hindurch in einer Tiefe von 50 bis 170 Metern.

CERN befasst sich mit der Teilchenphsyik. Man will die allerkleinsten Bausteine der Materie erforschen, um herauszufinden, nach welchen Gesetzen unsere Welt und das ganze Universum funktionieren.

Das gleiche Ziel verfolgt in Deutschland das Forschungslaboratorium DESY[68] in Hamburg. Es ist im Vergleich zum CERN eine Speicherring-Anlage von »nur« 6,7 km Länge. Zu dieser Anlage gehören der Ringtunnel in 20 bis 30 m Tiefe unter dem Stadtteil Bahrenfeld sowie vier unterirdische, sieben Stockwerke tiefe Experimentierhallen.

Die kurze Beschreibung dieser Laboratorien zeigt, wie sehr sich zahlreiche Staaten für die Frage nach dem Anfang interessieren und dafür bereit sind, entsprechende Finanzen bereitzustellen. Der Jahreshaushalt von CERN betrug allein im Jahre 1995 918,7 Millionen Schweizer Franken! Für die Naturwissenschaften ist die Erforschung des Anfangs sicherlich eine interessante und lohnenswerte Aufgabe. Doch – werden sie eine endgültige Antwort geben können?

Nein! Selbst wenn es ihnen gelingen sollte, die Entstehung des Universums naturwissenschaftlich zu erklären, bleiben noch viele Fragen offen. Eine der wichtigsten ist sicherlich die nach dem »tragenden Grund« und dem Sinn des Ganzen. Ist das Universum ein riesiges Uhrwerk, das nach physikalischen Gesetzen abläuft und eines

Tages zum Stillstand kommt? Ist es eine Maschine, die einmal in Gang gesetzt vor sich hintuckert? Irren wir wie Zigeuner heimatlos dahin – wie Jacques Monod sagt? Oder können wir hinter all dem, was in 11 bis 15 Milliarden Jahren geworden ist, einen Sinn und ein Ziel erkennen? Die Frage lässt uns nicht los. Heute mehr denn je!

2 Fragen, die die Naturwissenschaft nicht beantworten kann

Vieles schlüpft durch die Maschen
der Naturwissenschaft hindurch.

Das Netz des Physikers

Warum müssen Naturwissenschaftler bei ihrer Arbeit an Grenzen stoßen? Hans Peter Dürr beantwortet uns diese Frage in seinem Buch: »Das Netz des Physikers«. Hierin erzählt er uns folgende Geschichte: Ein Fischer beschäftigt sich wissenschaftlich mit Fischen. Er sitzt am Meer, wirft sein Netz aus, das eine Maschenweite von fünf Zentimeter hat, zieht es nach einiger Zeit wieder an Land und untersucht seinen Fang. Er wiederholt das immer wieder. Eines Tages stellt er fest:

1. Alle Fische sind größer als fünf Zentimeter, und
2. alle Fische haben Kiemen.

Bei jedem Fang hat er diese Erfahrung gemacht. Deshalb geht er davon aus, dass das auch in Zukunft so sein wird. Seine Beobachtungen haben daher grundsätzliche Bedeutung. Alles, was fünf Zentimeter groß ist und Kiemen hat, ist für ihn ein Fisch. Eines Tages kommt ein Wanderer vorbei und beobachtet den Fischer bei seiner Arbeit. Sie kommen miteinander ins Gespräch. Der Fischer teilt ihm stolz seine beiden Beobachtungen mit. Der Gesprächspartner ist damit nicht einverstanden. Dass alle Fische Kiemen haben, das ist für ihn verständlich. Dass aber alle Fische größer als fünf Zentimeter sind, das kann er nicht verstehen. Schließlich hat er auch kleinere Fische im Meer beobachtet. Der Fischer bleibt bei seiner Behauptung: »Was ich nicht fangen kann, ist kein Fisch!«[69]

Hans Peter Dürr vergleicht das Netz des Fischers mit den Instrumenten, die Naturwissenschaftler für ihre Arbeit und für ihre Forschungen brauchen. Der Fang ist das Ergebnis ihrer Arbeit.

Zwischen dem Fischer und dem Wanderer gibt es eigentlich keine Widersprüche. Der Fischer ist von seinem Netz abhängig. Er kann nur das fangen, was ihm das Netz ermöglicht. Was er nicht fangen kann, fällt durch die Maschen des Netzes hindurch.

Und das interessiert ihn nicht. Er betrachtet die Fischwelt unter ganz bestimmten Gesichtspunkten. Anders der Wanderer. Er hat beobachtet, dass es auch andere Fische im Wasser gibt.

Dieses Gleichnis vom Fischer macht deutlich, um was es hier geht: Die Naturwissenschaft hat ihre eigene Methode, die Welt zu betrachten. Ihre Ergebnisse sind kontrollierbar und daher wahr. Sie sind in zahlreichen Handbüchern nachzulesen.

Und doch fehlen wichtige Gesichtspunkte. Vieles »schlüpft« durch ihre Maschen hindurch. Es ist mit ihrer durchaus legitimen Methode nicht zu erfassen.

Offene Fragen

Doch was kann das sein, das durch die Maschen hindurchfällt? Naturwissenschaftler denken in Kategorien von Experiment und nachprüfbaren Ergebnissen. Sie betrachten die Natur nicht als ein Mysterium. Für sie ist die Natur eine erkennbare und messbare Realität, in der alles auf Ursachen zurückgeführt werden kann. Aber ist das die gesamte Wirklichkeit? Wie steht es mit unseren Naturgesetzen, die sicherlich mit der materiellen Wirklichkeit nicht gleichzusetzen sind? Und wo müssen wir unser Denken, unser Bewusstsein und unsere Gefühle einordnen? Kunst und Kultur gehören ebenso zu unserer Wirklichkeit, ohne etwas Materielles zu sein. Die Naturwissenschaft kann auch nicht nach dem Sinn der Weltordnung fragen. Sie kann sich nicht darum kümmern, warum die Welt – das Universum – überhaupt existiert. Für sie ist es auch uninteressant, ob die Welt aus sich heraus entstanden ist, oder ob sie geschaffen wurde. Für sie ist die Frage, ob es einen Schöpfer gibt, ebenso unbedeutend wie die Frage, warum die Gesetze so sind wie sie sind. All das interessiert uns. Deshalb gehen wir den Fragen nach:

1. Gibt es Hinweise auf einen Bau-Plan, der dem gesamten Universum zugrunde liegt?

2. Sind es die Gesetze der Physik, die das Universum entstehen ließen?

3. Gibt es eine Erklärung für das »Neue«, das »Höhere«, das aus dem Evolutionsgeschehen hervorgegangen ist?

4. Der Mensch ist mit Geist und Bewusstsein aus dem Evolutionsgeschehen hervorgegangen. Muss dann nicht auch der ganze Prozess mit Geist zu tun haben?

5. Die Evolution hat als Ganzes eine Richtung. Wer hat die Richtung festgelegt?

3 Ein Planer wird vermutet

Mit der Erforschung des Chaos
rückt auch die kreative, vielgestaltige Welt
ins Zentrum der wissenschaftlichen Neugier.

Chaos oder Ordnung? – Ordnung im Chaos?

Im Juli 1969 gelang es den Menschen, zum ersten Male auf dem Mond zu landen. Es war ein Ereignis, das lange Zeit die Öffentlichkeit beschäftigte. Naturwissenschaftler und Techniker wurden wegen dieser Leistung bewundert. Ist es nicht erstaunlich, dass es die Naturwissenschaft fertig brachte, diese präzise Arbeit zu leisten? Immerhin ist der Mond über 380 000 km von der Erde entfernt. Trotz dieser Entfernung war es möglich, auf die Minute oder sogar Sekunde genau vorauszusagen, wann das Raumschiff auf dem Monde landen würde. Auch der Landeplatz wurde exakt festgelegt. Das ist nur ein Beispiel dafür, was unsere Wissenschaftler alles leisten können. Umso mehr sind wir darüber erstaunt, dass es bis heute noch nicht möglich ist, eine exakte Wettervorhersage zu machen. Wie oft wird Sonnenschein vorausgesagt, während wir vom Regen überrascht werden und umgekehrt! Man sollte doch meinen, die Wettervorhersage sei um vieles leichter und einfacher als eine Mondlandung. Die Erfahrung spricht dagegen. Warum?

Im Jahre 1961 war der amerikanische Meteorologe Edward Lorenz eines Tages damit beschäftigt, das Wetter mit Hilfe von Computersimulationen zu untersuchen. Als er tags darauf das Ergebnis nochmals überprüfen wollte, konnte er sich nicht mehr daran erinnern, auf wie viele Stellen nach dem Komma er das Computerprogramm angelegt hatte. So versuchte er es mit sechs Stellen nach dem Komma. Zu seiner großen Überraschung stellte er fest, dass dieses vom Computer produzierte »Wetter« ganz anders war als am Tage zuvor. Das machte ihn stutzig und neugierig zugleich. So änderte er bei weiteren Versuchen jeweils die Anzahl der Stellen nach dem Komma. Das Ergebnis: Das Wetter fiel jedes Mal unterschiedlich aus. Also kommt es auf die

Anzahl der Stellen nach dem Komma an. Für uns ist das völlig unbegreiflich. Bedeutet doch die sechste Stelle nach dem Komma eine Änderung um ein Millionstel. Lorenz kam zu dem Ergebnis, dass noch so kleine Änderungen enorme Folgen haben können. Wie weit das gehen kann, wird gerne in einem Vergleich oder Bild ausgedrückt: Der Flügelschlag eines Schmetterlings in Asien beeinflusst ein paar Tage oder Wochen später das Wetter in Amerika.

Wir sagen oft – und damit haben wir Recht –, das Wetter sei unberechenbar. Es gibt viele solcher Beispiele, die wir beobachten können. So sind der Rauch, der aufsteigt, die Wirbel, die sich im Wasser bilden, oder die Bewegung der Flagge im Winde völlig unberechenbar, weil sie von zahlreichen »Zufällen« abhängen. Die Naturwissenschaftler nennen solche Vorgänge chaotisch. Sie sprechen vom »Schmetterlingseffekt« und meinen damit die kleinen Ursachen, die große und weitreichende Wirkungen haben. In den letzten Jahrzehnten hat sich eine eigene Wissenschaft gebildet, die sich mit solchen chaotischen Systemen beschäftigt[70]. Ihr Ergebnis ist die so genannte »Chaostheorie«, über die in letzter Zeit zahlreiche Bücher geschrieben wurden. Es würde zu weit führen, auf diese Thematik näher einzugehen – so interessant sie auch sein mag.

Wir fragen in diesem Kapitel nach Ordnung und Harmonie im Universum. Wie sieht es damit aus, wo doch so vieles chaotisch zu sein scheint?

Dass es auf diese Frage eine Antwort geben müsse, erahnte Mitchell Feigenbaum – einer der führenden Chaosforscher –, als er eines Tages eine längere Wanderung machte, um seinen Gedanken nachzugehen. Auf dieser Wanderung kam er an einer Gruppe von Leuten vorbei, die ein Picknick machten. Er hörte den Klang ihrer Stimmen und verstand auch im Vorbeigehen, über was sie sich unterhielten. Plötzlich beobachtete er, dass alles »verschwamm«: Die Gestalten wurden immer kleiner, bis sie schließlich so winzig waren, dass er sie nicht mehr klar unterscheiden konnte; die Worte, die er vorher deutlich verstand, auch sie wurden immer schwächer und unverständlicher. Die Klarheit und Ordnung, die er vorher empfand, gingen in Verschwommenheit und Wirrwarr über. Sie wurden in seinen Augen und Ohren chaotisch.

Dieses Erlebnis beschäftigte Feigenbaum während seiner ganzen Wanderung. Er überlegte sich: Aus Ordnung wurde Chaos. Und doch blieb die Ordnung bei den Menschen, die er nicht mehr deutlich sehen und hören konnte, erhalten. Ist Chaos wirklich Chaos? Das war seine Frage. Oder gibt es selbst im Chaos Ordnung? Vielleicht ist es möglich und denkbar, dass sie da ist, wir sie aber nicht erkennen können. Das war auch die Frage zahlreicher anderer Chaosforscher[71]. Durch den Fortschritt der Computertechnik waren sie in der Lage, auch dynamische und komplexe Vorgänge, um die es sich hier handelt, näher zu untersuchen. Die Ergebnisse ihrer bisherigen Arbeiten können nur kurz genannt werden. Der Physiker Dr. Bernd-Olaf Küppers vom Max-Planck-Institut nennt die wichtigsten:

»Naturgesetze steuern auch das Entstehen von Komplexität (Chaos Anm.d.V.). Dabei sind die Gesetze selbst ... überraschenderweise ganz einfach.«[72]

»Mit der Erforschung des Komplexen rückt auch die kreative, bunte, vielgestaltige Welt, wie wir sie sinnlich erleben, wieder ins Zentrum akademischer Neugier.«[73]

»Im Spiel der Kräfte wird aus Chaos Ordnung.«[74] Ist Chaos also die Ordnung des Universums, wie es ein Buchtitel ausdrückt?[75] Durch die Computersimulation sind Wissenschaftler in der Lage, solche chaotischen, komplexen oder unberechenbaren Vorgänge abzubilden, wie es folgende Beispiele zeigen:

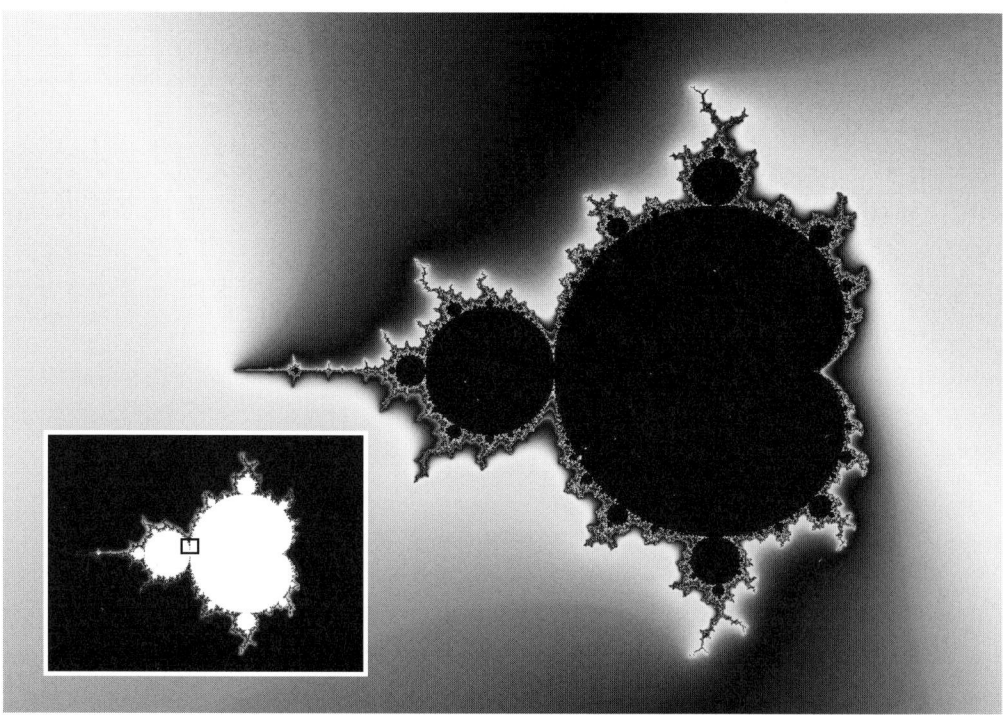

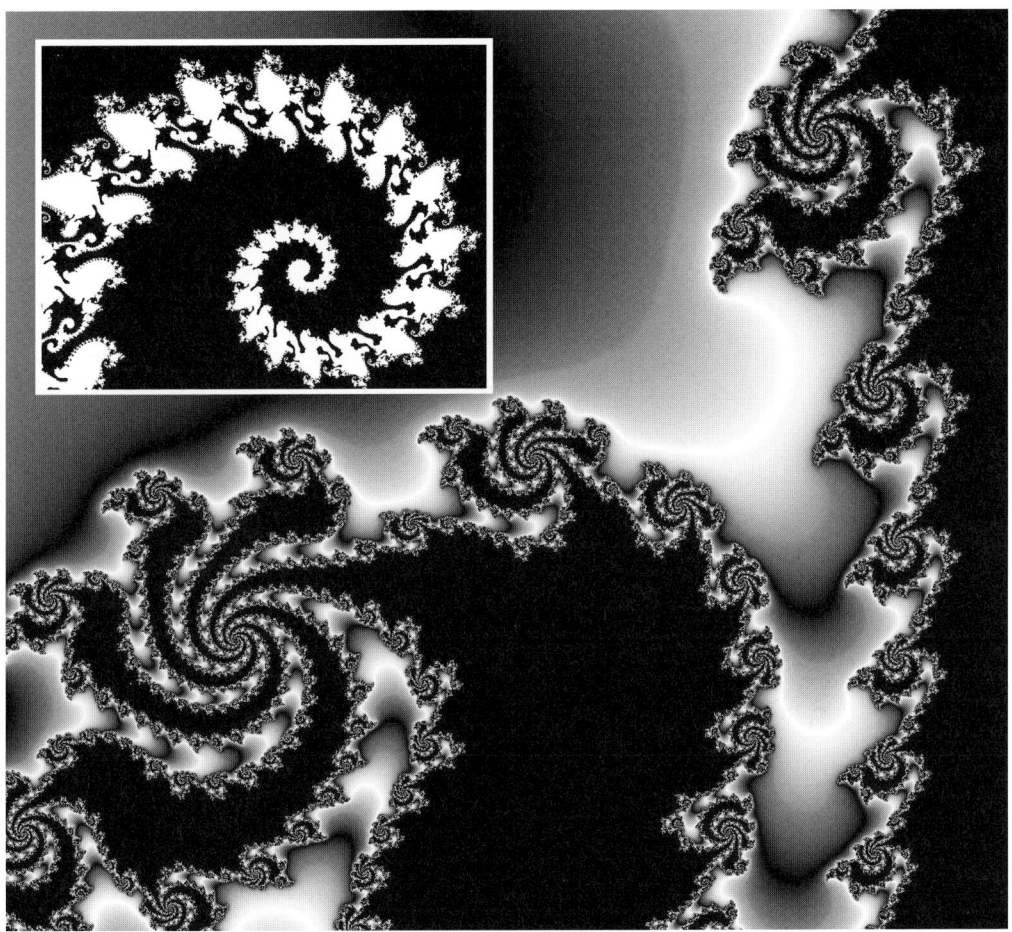

Das »Apfelmännchen« ist die graphische Darstellung eines komplexen Vorganges, wie sie Mandelbrot bei seinen Arbeiten herausfand. Sie erinnert an Äpfel, die in verschiedenen Größen aufeinandergesetzt sind. Interessant und faszinierend ist der Rand des Apfelmännchens. Dort entstehen Formen, die an Seepferdchen erinnern. Bei jeder weiteren Vergrößerung zeigen sich immer wieder neue, ähnliche Strukturen.

Der kosmische Code

Die Teile der Welt
stehen alle derart in Zusammenhang,
sind so miteinander verflochten,
dass ich es für unmöglich halte,
einen ohne den andern
und ohne das Ganze zu verstehen.

Blaise Pascal

Paul Davies schreibt in seinem Buch »Die Urkraft«[76]: Vor lauter Bäumen sehen wir alle den Wald nicht mehr. Bei den vielen, ja unzähligen Einzelerkenntnissen übersehen wir die Gesamtschau. Ein engagierter Wissenschaftler ist so in seine Arbeiten vertieft, dass er gar nicht überlegt, warum er überhaupt wissenschaftlich arbeiten kann. Ein Physiker beschäftigt sich unter anderem mit den Gesetzen, die wir in der Technik anwenden können. Aber er fragt nicht, warum und wie bemerkenswert es ist, dass es diese Gesetze gibt.

Uns Nichtwissenschaftlern geht es da nicht anders. Wer macht sich schon Gedanken darüber, warum die Sonne morgens im Osten auf- und abends im Westen untergeht? Wir beobachten, dass ein Stein immer nach unten und nicht nach oben fällt. Wir betrachten einen funkelnden Kristall, ohne uns Gedanken darüber zu machen, warum er diese Form hat und keine andere. Wir stellen das Radio oder den Fernseher an. Normalerweise funktionieren sie. Wir suchen uns bestimmte Programme aus. Auch das macht uns im Allgemeinen keine Schwierigkeiten. Für uns ist all das selbstverständlich. Niemand fragt, warum das so ist. Niemand findet Grund, sich darüber zu wundern.

Die Idee des Makrokosmos und Mikrokosmos wird von einer anderen Seite beleuchtet. Vom Mikroskop bis zum Radioteleskop – die Formen, die Kernphysiker und Kosmologen entdecken, sind verwandt: »Das winzige Sonnensystem des Atoms« (Max Planck) oder eben riesige »Planeten-Moleküle mit einer Atomkern-Sonne« (vgl. S. 96).

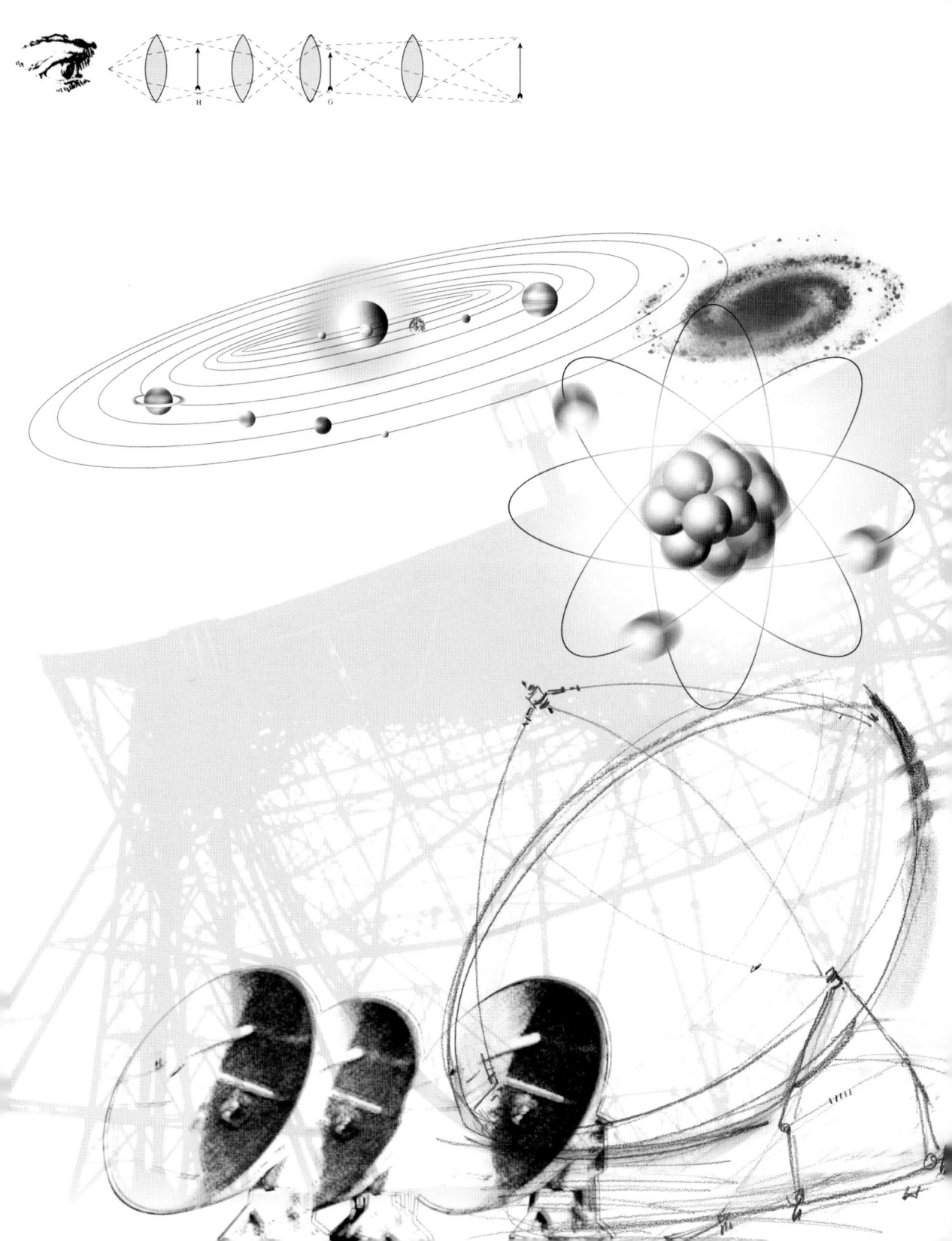

Es sei denn, eine Katastrophe schreckt uns auf und nimmt uns unsere Sicherheit. So geschah es am 10. August 1996, als zum zweiten Male ein Stromausfall das öffentliche Leben im Westen der USA lahm legte: Millionen von Menschen mussten viele Stunden ohne Elektrizität auskommen. Was das für die Menschen bedeutete, wurde in der Presse ausführlich geschildert: In zahlreichen Städten fielen die Ampeln aus. Das führte zum Verkehrschaos. Der öffentliche Nahverkehr kam zum Erliegen. Menschen blieben in den Fahrstühlen stecken. Bei Temperaturen bis zu 40 Grad Celsius litten vor allem kranke und ältere Bürger unter dem Ausfall von Klimaanlagen. Auf dem Flughafen von San Francisco mussten Hunderte von Passagieren noch Stunden nach der Landung an Bord der Flugzeuge bleiben, weil eine Abfertigung wegen des Ausfalls der Computer und Gepäck-Transportbänder nicht möglich war.

Nicht auszumalen, was passieren würde, wenn eines Tages Naturgesetze unzuverlässig und unberechenbar würden. Gott sei Dank passiert das nicht. Deshalb können Naturwissenschaftler Strukturen und Ordnung in der Natur nachspüren. Beide sind uns zunächst verborgen und wie durch einen kosmischen Code verschlüsselt. Paul Davies vergleicht diese Forschungsarbeiten gerne mit einem Kreuzworträtsel. Experiment und Beobachtung geben nur Hinweise auf eine vorhandene Struktur. Mit viel Geschick und Ausdauer erkennen wir mehr und mehr von der Gesamtstruktur der Natur. Wie beim Kreuzworträtsel ergänzen sich die vielen Einzelerkenntnisse auf den verschiedensten Gebieten. Sie lassen ein Muster und einen einheitlichen Bau-Plan erkennen. Dieser Bau-Plan führt uns zur Überzeugung, dass das Universum eine große Einheit darstellt. Das schöpferische Geschehen im Universum geschieht in einem harmonischen Zusammenspiel zweier »Welten«: Der unfassbar große Weltraum und die unvorstellbare kleine Welt der Atome – der Makrokosmos und der Mikrokosmos – ergänzen sich gegenseitig. Mit Riesenfernrohren, Radioteleskopen und Satelliten schauen und hören wir in die Weite des Universums. Mit Elektronenmikroskopen blicken wir in die Welt der Atome.

Ist es da nicht erstaunlich, wie die Kosmologie – die Lehre vom Größten – und die Hochenergiephysik – die Lehre vom Kleinsten – einander ergänzen und sich gegenseitig befruchten? Sind es nicht dieselben Gesetze, die zu der einfachen Form des Kristalls führen und ebenso zu den komplizierten und verwickelten Strukturen wie die der Lebewesen?

Zum Nachdenken

Ordnung, Harmonie und Schönheit –
Zeichen und Beweise für eine durchdachte Welt.

Und das Chaos?
Chaos im Urknall,
Chaos in der Evolution,
Chaos, die Ursache für die Entstehung neuer Formen.
Chaos in den Lebensprozessen des menschlichen Körpers.

Ist Chaos wirklich Chaos?
Der Computer bringt es ans Licht:
auch Chaos ist ein Zeichen
und Beweis für eine durchdachte Welt.

Das Bild beschäftigt sich mit verschiedenen Elementen der Chaosforschung: Methapher vom Schmetterling (vgl. S. 91), Fraktale, Selbstähnlichkeit.

Vier Gesetze kennen wir – und dementsprechend vier Kräfte –, die mitgeholfen haben, unserem Universum seine Struktur zu geben und es im Dasein zu erhalten: die Gravitation (Anziehung), der Elektromagnetismus und die im Bereich der Atome wirkende schwache und starke Kraft.

So versucht die Gravitation, einen Stern zusammen zu drücken. Die elektromagnetische Energie kämpft dagegen an, indem sie einen inneren Druck herstellt. Dazu benötigt sie viel Energie. Diese stammt von Kernreaktionen, die von den starken und schwachen Kräften betrieben werden. »Unter diesen Umständen eines dicht verklammerten Wettstreits hängt die Struktur des Systems sehr genau von der Stärke der beteiligten Kräfte ... ab.«[77]

Doch, warum sollte es vier unterschiedliche Kräfte geben? So fragen die Naturwissenschaftler. »Die Aussicht, alle Aktivität der Natur als Ausdruck einer einzigen Urkraft zu beschreiben, blieb ein herausfordernder Traum ... «[78] Heute sind wir nicht mehr weit davon entfernt, dass dieser Traum in Erfüllung geht.

Das würde bedeuten: Im Anfang gab es nur eine einzige Kraft, die das Universum im Urknall entstehen ließ: die Urkraft oder Supergravitationskraft, wie Stephen Hawking sie nennt. Als sich das Universum dann ausdehnte und abkühlte, trennte sich eine Kraft nach der anderen von dieser Urkraft. Die Entdeckung der Urkraft ist nach Hawking der »Gipfelpunkt der physikalischen Wissenschaften«. Die dabei entstehende Theorie ist nach seinen Worten nicht nur eine Annäherung auf dem Weg zur Wahrheit, sondern die Wahrheit selbst.

Und sie ist noch mehr: »Die Tatsache, dass die gegenwärtige Natur des Universums gezwungen war, mit einem Urknall zu entstehen – das sagen die Gesetze der Physik –, lässt deutlich darauf schließen, dass diese Gesetze selbst nicht zufällig oder aufs Geratewohl aufgetaucht sind, sondern dass in ihnen die Spur eines Planes steckt... Die neue Physik und die neue Kosmologie offenbaren, dass unser geordnetes Universum weit mehr ist als ein gigantischer Unfall. Ich glaube, das Studium der jüngsten Revolution auf diesen Gebieten ist eine Quelle großer Inspiration bei der Suche nach dem Sinn des Lebens[79]«. So schreibt Paul Davies.

Im letzten Jahrhundert wurden von Theologen Ordnung und Harmonie häufig als Argument für die Existenz Gottes angeführt. Zu ihnen gehörte Wiliam Paley, der gerne die natürlichen Mechanismen – wie etwa die Anordnung der Planeten im

Sonnensystem – mit einer Uhr verglich. Jemand, der zum ersten Male eine Uhr in der Hand hält und sieht, wie einzelne Teile und Rädchen ineinander greifen, damit das Uhrwerk funktioniert, kommt sicher zu der Einsicht, dass ein intelligentes Wesen die Uhr zu einem bestimmten Zweck entworfen hat. Der Schluss liegt deshalb nahe, dass ein intelligentes Wesen das noch viel kompliziertere Werk des Universums entworfen und realisiert haben muss. Der Vergleich mit der Uhr hinkt selbstverständlich, wie alle Vergleiche es tun: Es ist nicht denkbar, dass Gott im Urknall den »Grund« gelegt hat für das Universum, die Pflanzen, die Tiere und den Menschen und die weitere Entwicklung und den »Ablauf« sich selber überlässt, bis es eines Tages wie eine Uhr »abgelaufen« ist. Die Uhr ist ein Gegenstand, der sich selbst nicht weiterentwickelt. Anders das Universum. Es dehnt sich weiter aus und lässt wenigstens auf unserer Erde weiterhin Leben entstehen.

All das stellt uns vor die Frage: Was ist der eigentliche »Urgrund« des Ganzen? Sind es die Gesetze, die schon erwähnt wurden? Ist es eine vorgegebene »Kreativität der Natur«? Wenn ja, von wem wurde sie vorgegeben? Oder gibt es eine »geistige Instanz«? Wir werden diesen Fragen weiter nachgehen.

Können die Gesetze der Physik »Urgrund« des Universums sein?

Sind sie die ewigen Wahrheiten,
auf denen das Weltall gebaut ist ?

Naturwissenschaftler beobachten die Natur. Dabei stellen sie Gesetzmäßigkeiten fest. Ein einfaches Beispiel. Jemand wirft einen Stein in die Höhe. Er stellt fest: Die Geschwindigkeit, mit der sich der Stein nach oben bewegt, wird immer geringer. Und umgekehrt: Sie wird größer, wenn er wieder nach unten fällt. Bei jedem Versuch lassen sich die gleichen Beobachtungen machen. Naturwissenschaftler sprechen von einer beschleunigten Bewegung. Ursache für die abnehmende und zunehmende Geschwindigkeit des Steins ist die Anziehungskraft der Erde – die Gravitationskraft.

Aufgrund dieser Beobachtung lassen sich Bewegungsgesetze aufstellen. Von diesen Gesetzen können wir sagen:

1. Sie wurden nicht von uns erfunden, sondern gefunden. Sie waren schon immer vorhanden. Durch unsere Beobachtungen und Versuche war es uns möglich, sie zu entdecken und in mathematische Formeln zu fassen.
2. Die Gesetze sind an die Natur gebunden. Gesetze ohne eine Bindung an die Natur sind für uns aufgrund unserer Erfahrung unvorstellbar.

Trotzdem fragen sich viele Naturwissenschaftler: Ist es denkbar, dass Gesetze unabhängig von der Natur existieren? Gibt es grundsätzlich die Möglichkeit, dass etwas Abstraktes selbständig existiert? Paul Davies meint ja. Er begründet seine Behauptung mit Erfahrungen, die wir im täglichen Leben machen:

»Selbst im täglichen Leben verwenden wir ... Begriffe wie Staatsbürgerschaft oder Konkurs, die doch, auch wenn sie uns nicht berühren oder von uns gesehen werden können, trotzdem sehr wirklich sind. ... Dann gibt es den weiteren Bereich subjektiver Phänomene, wie etwa der Traumbilder. Auch sie sind zweifellos (für den Träumer) existent, aber insgesamt doch viel weniger stofflich als ein Brocken Zement. Ähnliches gilt für die Gedanken, Gefühle, Erinnerungen und Empfindungen: Wir können sie nicht als nichtexistent abtun, obwohl die Art ihrer Existenz anders ist als die der dinglichen Welt. Wie die Computersoftware könnten auch Geist oder Seele etwas Handfestes – in diesem Fall das Gehirn – benötigen, um sich zu manifestieren, aber das macht sie nicht selbst zu einem Ding.

Es gibt auch eine Kategorie von Dingen, die sich ganz allgemein als Kultur beschreiben lässt – zum Beispiel Musik oder Literatur. Die Existenz der Beethovenschen Symphonien oder die Werke Goethes lassen sich nicht einfach mit der Existenz des Papiers gleichsetzen, auf dem sie geschrieben stehen. ... Alle diese Dinge »existieren« in einem Sinn und sind zwar irgendwie nicht konkret,...«[80] Aber trotzdem wirklich.

Die Frage ist also berechtigt, ob die Gesetze der Physik eine von der Natur unabhängige, transzendente Existenz haben. Es ist nicht anzunehmen, dass sie im Urknall entstanden sind. Nur wenn sie schon vor dem Urknall existiert haben, können wir uns den Ursprung des Universums erklären.

Zahlreiche Naturwissenschaftler sind daher der Meinung, die Naturgesetze seien der »Seinsgrund des Universums« oder das »Urgestein der Wirklichkeit«. »Sie sind die ewigen Wahrheiten, auf denen das Weltall gebaut ist.«[81]

Wenn das so ist, könnten sie eine Botschaft an uns Menschen enthalten, wie etwa ein kosmischer Code, den wir entschlüsseln sollen. Oder sie sind eine Botschaft ohne »Absender«. Dann aber »birgt ihre Existenz ein tiefes Geheimnis. Woher kommen sie? Wer schickte die Botschaft? Wer erdachte den Code? Sind die Gesetze einfach da – sozusagen freischwebend ...?«[82] Auch Max Planck beschäftigte sich mit dieser Frage. Seine Antwort lautete. »Was wir als das allergrößte Wunder ansehen müssen, ist die Tatsache, dass die ... Formulierung dieses Gesetzes bei jedem Unbefangenen den Eindruck erweckt, als ob die Natur von einem vernünftigen, zweckbewussten Willen regiert würde.«[83]

Eine letzte und endgültige Antwort auf unsere Fragen werden wir niemals finden. Trotzdem werden sie uns nicht zur Ruhe kommen lassen. Wenigstens dann nicht, wenn wir nach einem »tragenden Grund« der 11 bis 15 Milliarden Jahre alten Geschichte des Universums fragen.

Die Frage nach den Gesetzen ist nicht die einzige, die uns beschäftigt.

Woher kommt das »Neue«, das »Höhere«, »Unerwartete« im Evolutionsgeschehen?

Ist es Gott?
Ist es die Natur selbst?
Ist es ein Programm?

Auch das ist eine Frage, die Menschen von jeher beschäftigte, die staunend vor dem Naturgeschehen standen – ganz gleich, ob sie von der Evolution eine Ahnung hatten oder nicht. Es würde zu weit führen, all die versuchten Antworten auf unsere Frage zusammenzufassen. Wichtig für unsere Überlegungen sollen jene Antworten sein, die mit dem alten mechanistischen Weltbild (Newton) und dem neuen evolutionären zusammenhängen.

1. In der mechanistischen Naturphilosophie des siebzehnten Jahrhunderts gab es aufgrund der Newtonschen Weltsicht nur eine einzige schöpferische Instanz – Gott. Er allein war die Ursache aller Materie, aller Naturgesetze und aller Formen von Pflanzen und Tieren. Die Natur selbst war unbelebt, unbewusst und gehorchte blind den mechanischen Gesetzen. Die Natur war erschaffen – und selbst nicht schöpferisch. Was an den Dingen sinnvoll erschien und von den Menschen bewundert wurde, spiegelte die Intelligenz des Baumeisters der Weltmaschine.

2. Wie vor dieser Zeit, so wurde auch im neunzehnten Jahrhundert durch die evolutionäre Sicht die Natur wieder als lebendig angesehen. Darwin formulierte es so: »Die evolutionäre Kreativität hat ihren Ursprung nicht jenseits der Natur in den ewigen Konstruktionsplänen eines Uhrmacher-Gottes..., sondern die Evolution des Lebens hat sich spontan in der materiellen Welt ereignet. Die Natur selbst hat die Myriaden Lebensformen hervorgebracht.«[84]

Es ist keine Frage: Evolution ist ein Vorgang, der zu neuen, unvorhersagbaren Formen führt. Für Charles Darwin geschieht das durch zufällige Mutation und natürliche Auslese. Die heutigen Naturwissenschaftler fragen tiefer. Sie wollen wissen, warum ausgerechnet durch Mutationen immer kompliziertere und komplexere Lebensformen entstehen. Ihre Antwort: Ein Vorgang, der zu unerwarteten, unvorhersehbaren Ergebnissen führt, ist ein kreativer, schöpferischer Prozess. Evolution hat also mit Kreativität zu tun. Mit dieser Antwort sind wir sicherlich auch nicht zufrieden. Wir wollen wissen: Woher kommt dann die Kreativität? Ist es – wie Henri Bergson meint – eine nicht-materielle Lebenskraft, die der Motor der Evolution und der Kreativität ist?

3. Heute, in der Zeit des Computers und des Internets liegt es nahe, eine andere »zeitgemäße« Erklärung zu geben: es ist ein Programm, das wie eine Information in den Urknall hineingelegt wurde und sich seit 11 bis 15 Milliarden Jahren entfaltet und entwickelt. Wie dieses Programm aussieht, haben wir bereits im ersten Teil des Buches gesehen. Diese Antwort ist uns sehr einleuchtend. Sie entspricht unserer Erfahrung, die wir immer dann machen, wenn wir vor dem Computer sitzen, um mit ihm je nach Programm zu spielen oder zu arbeiten. So sympathisch uns diese Antwort auch sein mag, sie stellt uns vor zwei große Probleme:

a) Ein Programm wird auf einer Diskette (Software) gespeichert. Die Diskette selbst ist nicht das Programm. Ein Programm ist vielmehr eine geistige Leistung, die gespeichert wird. Wer schon einmal ein Programm gemacht hat, weiß aus eigener Erfahrung um die geistige Anstrengung, die damit verbunden ist. Wenn wir nun sagen, ein Programm sei die Ursache für die Kreativität der Natur, dann müssen wir wie beim Computer einen Träger finden, der von Anfang an vorhanden war. Wie Hans Jonas meint, konnte beim Urknall dieses stabile System noch nicht vorhanden gewesen sein.

b) Ein weiteres Problem: Wie ist es möglich, dass ein Programm – also etwas Geistiges – Ursache für den Urknall sein konnte? Ursache sicher nicht. Das ist einleuchtend. Aber »Urgrund«?

Wir fassen zusammen: Kreativität oder ein Programm hat mit Geist zu tun. Das lässt vermuten, dass ein »geistiges Prinzip« Urgrund des Universums – und damit auch meines Lebens – sein kann oder sein muss. Wir fragen weiter:

War die Natur von Anfang an »schlafender Geist«?

Kann etwas, das weniger als Geist ist,
der Urgund des Geistes sein?

Hans Jonas

In drei Gedankengängen wollen wir versuchen, diese Frage von Hans Jonas zu beantworten:

1. Der Mensch steht mit Geist und Bewusstsein am Ende des Evolutionsprozesses. Könnten wir das Gehirn bis in seine feinsten Strukturen und Funktionsweisen zerlegen, so ließe sich das Vorhandensein von Bewusstsein und Geist aufgrund dieser Strukturen nicht erahnen. Nur durch unsere innere Erfahrung – eben durch unser Selbst-Bewusstsein – wissen wir davon.

Das Gehirn ist die größte Erfindung der Natur. Jahrmillionen hat es gedauert, bis das Hochleistungsgehirn ausgereift war. Rund hundert Milliarden Nervenzellen sind durch ein Leitungsnetz miteinander verbunden. Dieses hat die unvorstellbare Länge von einer Million Kilometer. 25 mal würde dieses Netz um den Äquator gehen.

Unser Gehirn ist leistungsfähiger als jeder Supercomputer. Ja, es ist der einzige Computer, der über sich selbst nachdenkt und sich korrigieren kann. Wenn man bedenkt, dass die vollständige Bauanleitung für einen Supercomputer viele Millionen Wörter umfasst, drängt sich die Frage auf: Woher hat die Natur die Idee, in vielen kleinen Schritten ohne Bauanleitung ein menschliches Hochleistungsgehirn zu entwickeln, das in der Lage ist, geistige Leistungen zu vollbringen?

2. Wenn wir den Weg der Evolution rückwärts betrachten, gelangen wir aus dem Bereich des Geistes in den Bereich der Tiere und Pflanzen; von dort zu der leblosen Materie und schließlich zu den ersten physikalischen Teilchen. Dieser Weg in die Vergangenheit führt uns immer weiter vom Geiste weg. Und doch muss der gesamte Weg vom Urknall bis zum Menschen mit Geist zu tun haben. Denn sonst ist es schwer – oder auch gar nicht – zu erklären, dass am Ende der Mensch mit seinen geistigen Fähigkeiten steht. Woher kommt der Geist? Wer hat ihn geweckt?

3. Vor derselben Frage stehen wir, wenn wir die Entwicklung eines Kindes betrachten. Seit der Empfängnis bildet sich im Embryo das Gehirn, der künftige Träger des Geistes. Bei der Geburt des Kindes lassen sich noch keine geistigen Tätigkeiten feststellen. Wie Experimente gezeigt haben, lernt ein Kind niemals das Sprechen und Denken, wenn es für sich isoliert aufwächst. Erst durch den Kontakt mit seinen Eltern werden die geistigen Fähigkeiten des Neugeborenen geweckt. Es entsteht und wächst ein geistiger Austausch. So wie die Sprache durch das Sprechen anderer gelernt und weitergegeben wird, so auch der Geist durch den geistigen Austausch mit andern Menschen. Im Gehirn des Neugeborenen schlummern geistige Fähigkeiten, die erst geweckt und aktualisiert werden müssen. Das geschieht durch den »aktuellen, wachen Geist« der Eltern oder Geschwister, der vorhanden sein muss.

Übertragen wir diesen Überlegungen auf den Evolutionsprozess: Der Gedanke liegt nahe, dass die Materie – wie beim neugeborenen Kind – von Anfang an »schlafender Geist«[85] war. Dann muss die wirklich erste Ursache, der tragende Grund all dessen, was geworden ist, »wacher Geist« sein. Es müsste etwas Geisthaftes, Denkendes, Überzeitliches sein.

Hans Jonas schreibt in seinem Buch »Philosophische Untersuchungen und metaphysische Vermutungen«, er habe über diese Frage jahrzehntelang nachgegrübelt. Er fragt: Kann etwas, das weniger als Geist ist, die »erste Ursache«, der »Urgrund« des Geistes sein? Wie Hans Jonas, so hat sich auch Rupert Sheldrake ausführlich mit den Fragen beschäftigt: Woher stammt das Schöpferische im Evolutionsprozess? Woher das Neue, das Höhere – woher der Geist? Auch er muss bekennen, dass wir dieses Geheimnis nie lüften können. »Wir können es Gott zuschreiben ... oder der Natur. ... Doch auf jedem Wege stoßen wir irgendwann unweigerlich an die Grenze.«[86] Aber die Richtung dieses Weges ist vorgegeben: Sie weist eindeutig auf eine »geistige Instanz« hin.

Wir suchen den »Urgrund« all dessen, was geworden ist. Wir haben uns bisher gefragt: Sind es die Gesetze, die unabhängig und zeitlich unbegrenzt sein müssen? Oder ist es etwas Geisthaftes, Denkendes, Transzendentes? Wir beobachten Ordnung und Schönheit in der Natur und fragen nach dem, der die Ordnung und den Plan dafür entworfen hat. Wenn wir den Evolutionsprozess betrachten, machen wir eine weitere Beobachtung. Auch sie macht uns nachdenklich.

Hat Evolution eine Richtung? Ist sie Ziel-gerichtet?

Die Lotterie der Natur produziert
– wie jedes Glücksspiel –
Nieten und Treffer,
bevorzugt aber auf Dauer Gewinner

Volker Sommer

Wann ist eine Handlung oder ein Prozess auf ein Ziel ausgerichtet? Ein Schachspiel zum Beispiel. Sein Ziel heißt: Mattsetzen des Gegners. Wer selbst Schach spielt oder ein Schachspiel beobachtet hat, weiß, dass es viele Wege zu diesem

Unser Sonnensystem als gigantische Lotterie, Lottokugeln anstelle von Planeten – dagegen die Schachfiguren als Sinnbild für planvolles Handeln (vgl. S. 107).

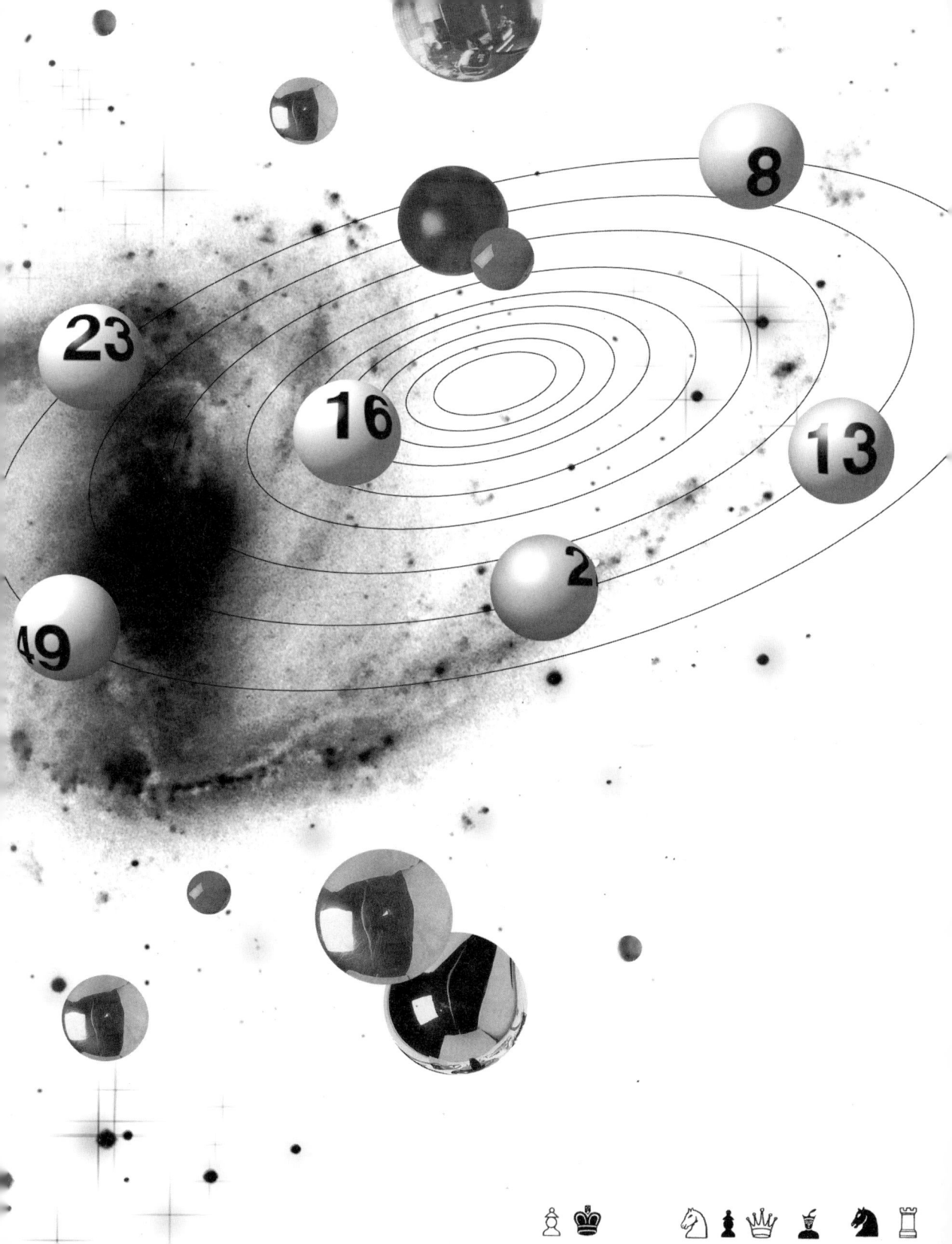

Ziel gibt. Jedes Spiel verläuft anders. Die einzelnen Schritte werden durch das Zusammenspiel der Partner vorgegeben. Einige dieser Schritte führen auf den ersten Blick gesehen sogar vom Ziel weg oder enden in einer »Sackgasse«. Trotzdem ist das Spiel als Ganzes auf ein Ziel ausgerichtet.

Wanderer, die einen Berggipfel erklimmen wollen, haben verschiedene Möglichkeiten, dieses Ziel zu erreichen. Sie können den kürzesten und damit vielleicht steilsten Weg nehmen. Sie können aber auch einen bequemeren Weg suchen, der nur langsam nach oben führt. Selbst wenn er zeitweise bergab geht und sich vom Gipfel entfernt, kann er »zielgerichtet nach oben« verlaufen. Auch eine Ruhepause unter einem Baum oder ein Verirren in einer Felslandschaft steht nicht im Widerspruch zu einem zielstrebigen Wandern.

Mit solchen oder ähnlichen Situationen lässt sich auch die Evolution vergleichen: Zahlreiche »zufällige« Mutationen beeinflussten den Verlauf des Prozesses. Im ersten Kapitel dieses Buches war von ihnen die Rede. Mutationen (Änderungen im Erbgut) änderten die Richtung des Prozesses. Einige führten zu Rückentwicklungen, andere landeten sogar in einer Sackgasse. Im Evolutionsprozess finden wir viele Verzweigungen, die nicht weitergeführt haben. Andere sind sogar stehengeblieben. So finden wir heute noch zahlreiche Lebensformen, die sich seit vielen Millionen – ja sogar Milliarden – Jahren nicht weiterentwickelt haben. Einige dieser Zweige sind sogar ausgestorben, wie etwa die Riesensaurier.

Für Jacques Monod waren es »Zufall und Notwendigkeit«, die diesen Prozess in die Wege leiteten und weiterhin begleiten. Der Göttinger Nobelpreisträger Manfred Eigen und seine Kollegin Ruthild Winkler präzisierten in ihrem Buch »Das Spiel« Monod's Postulat von einer uneingeschränkten Zufälligkeit: »Die durch selektive Bewertung erzwungene Vorzugsrichtung (der Evolution) bedeutet Lenkung, wenn nicht gar Zähmung des Zufalls.«[87]

Es sind also nicht nur die Mutationen, die auf den Evolutionsprozess Einfluss ausübten. Ebenso wichtig oder noch wichtiger ist die Selektion, die Auslese, die Vorzugsrichtung der Evolution. Zufällige Mutationen bieten der Natur Möglichkeiten an, von denen die Natur die besten aussucht und bevorzugt. Diese führen dann die Evolution weiter. Carsten Bresch nennt daher die Evolution »gesiebt zufällig«. Das »Sieb« gibt die Richtung an, in der die Entwicklung weitergehen soll. In dem, was gesiebt wurde, kann man eine Richtung erkennen: von den einfachen Teilchen über die Atome, Moleküle, Polymere, Aminosäuren bis zu den einfachen, dann komplizierteren Lebewesen – ja bis hin zu uns Menschen, die mit Geist und Selbstbewusstsein den gesamten Prozess erkennen.

Carsten Bresch fragt sich: »Warum fällt es den Biologen so schwer, an eine Richtung der Evolution zu glauben?« Haben sie Angst vor den Fragen: »Wenn eine Richtung vorgegeben ist, wohin führt sie dann?« »Wer oder was legt die Richtung fest?« Die Beschäftigung mit der Evolution führt an diesen Fragen nicht vorbei, wenn man in ihr einen gerichteten Prozess erkennt. Eine Antwort auf diese Fragen bleibt uns die Naturwissenschaft aber schuldig.

In der Rückschau können wir sagen: Evolution ist ein »gigantischer Wachstumsprozess«. Wir wissen aber nicht, »weshalb die Dinge sich entwickeln, weshalb etwas lebt, weshalb der Mensch denkt. Mutation, Veränderung ist selbstverständlich ein wichtiger Aspekt der Evolution: ohne Veränderung ändert sich nichts; und dass das Veränderte überleben muss, um zu überleben, ist auch klar. Dass es Verdrängungswettbewerb gibt, macht vielleicht das Aussterben bestimmter Arten verständlich, er erklärt aber nicht das Überleben und noch weniger die Entstehung irgendeiner Art.«[88] Monod wehrte sich gegen jene philosophischen und religiösen Auffassungen, die behaupten, Evolution sei auf ein Ziel hin gerichtet. Für ihn ist der Glaube nicht haltbar, der »in der Evolution den majestätischen Ablauf eines Programms entdeckt, das im Grundmuster der Welt vorgezeichnet war«. Für ihn ist deshalb die Evolution nicht wirklich Schöpfung, sondern lediglich »Offenbarung der bisher ausgesprochenen Absichten der Natur.«[89] Das war 1970. Heute legen zahlreiche wissenschaftliche Arbeiten über die komplexen, chaotischen Prozesse den Gedanken nahe, »dass die Lotterie der Natur zwar – wie jedes Glücksspiel – Nieten und Treffer produziert, aber Gewinner auf Dauer bevorzugt.«[90]

4 Naturwissenschaftler geben persönliche Antworten

Ich habe es immer seltsam gefunden,
dass die Religion das Denken der
Wissenschaftler, die doch behaupten,
nichts von ihr zu halten, tatsächlich
oft stärker beherrscht als das
der Geistlichen.

Fred Hoyle

Vorüberlegung

Naturwissenschaftler können die schöpferische Kraft des Universums und seinen Bauplan erkennen, wie wir das gesehen haben. Trotzdem ziehen viele von ihnen ganz bewusst keine Folgerungen über die Existenz eines personal verstandenen Schöpfers und Planers. Das kann auch nicht sein. Ein Physiker kann als Naturwissenschaftler niemals die Frage nach der Existenz Gottes – geschweige denn eines personal verstandenen Gottes – stellen. Aber ein Physiker ist nicht nur Naturwissenschaftler, er ist auch Mensch. Und als Mensch fragt er weiter. Er sieht die Ergebnisse seiner Forschung im Zusammenhang mit den für uns Menschen typischen Fragen nach einem tragenden Grund und dem Sinn unseres Lebens.

Zahlreiche Naturwissenschaftler haben sich mit der Frage nach dem Anfang auseinander gesetzt und für sich persönlich eine Antwort gefunden – eine Antwort, die jedoch nicht von jedem akzeptiert werden muss.

Paul Davies wagt in seinem Buch »Gott und die moderne Physik« eine Behauptung, die Theologen nicht gerne hören, die sicherlich auch erklärt und ergänzt werden muss. Er behauptet: »Bei der Suche nach Gott bieten die Naturwissenschaften einen sichereren Weg als die Religion!« Er spricht dann von einem »leitenden, überwachenden, alles umfassenden Geist, der den Kosmos durchdringt und die Naturgesetze so handhabt, dass dabei ein bestimmter Zweck erfüllt wird, der aber außerhalb der Naturgesetze nicht tätig zu werden«[91] vermag. Andere sehen in diesem Schöpfer die »Tiefe des Seins« (Paul Tillich), »Grund und Geheimnis der Welt« (Adolf Portmann), »Prinzip und Ordnung der Wirklichkeit« (W. Heisenberg), »Prozess der Schöpfung« (A. N. Witehead), »Faktor und Kraft der Evolution« (E. Jantsch)[92].

Wir alle suchen eine Antwort auf die Frage nach dem Anfang. Diese uns von der Natur vorgegebene Frage kann aber niemand mit Sicherheit beantworten. Sie bleibt letztlich einem jeden selbst überlassen.

Auf den folgenden Seiten sollen bekannte Naturwissenschaftler ausführlicher zu Worte kommen und ihre persönliche Antwort geben. Vielleicht helfen sie uns, eine eigene Antwort zu finden.

Niels Bohr

Niels Bohr (1885-1962) war dänischer Physiker. Ab 1916 war er Professor in Kopenhagen, ab 1920 Direktor des dortigen Instituts für theoretische Physik. 1943 emigrierte er in die USA, wo er am Atombombenprojekt beteiligt war. 1945 kehrte er nach Kopenhagen zurück. – Er wurde berühmt durch die Anwendung der Planckschen Quantenvorstellung auf das Rutherfordsche Atommodell (1913) und die sich daraus ergebenden Konsequenzen. 1922 erhielt er dafür den Nobelpreis für Physik.

Niels Bohr bekennt in einem Gespräch mit Werner Heisenberg: »Wenn in den Religionen aller Zeiten in Bildern und Gleichnissen ... gesprochen wird, so kann das kaum etwas anderes bedeuten, als dass es eben keine andere Möglichkeiten gibt, die Wirklichkeit, die hier gemeint ist, zu ergreifen. Aber es heißt nicht, dass sie keine echte Wirklichkeit ist. ... Die Tatsache, dass verschiedene Religionen diesen Inhalt in sehr verschiedenen Formen zu gestalten suchen, bedeutet dann keinen Einwand gegen den wirklichen Kern der Religion.«[93] Der Kern aller Religionen ist der Glaube an Gott.

Wernher von Braun

Raketenforscher. Wernher von Braun, geb. 1912, gehört zu jenen Naturwissenschaftlern, die durch ihre Forschungsarbeit zum Glauben an Gott und ans Jenseits fanden.

Wernher von Braun wurde einmal gefragt, ob die »himmelstürmenden Weltraumfahrer« die Grundfesten der Religion erschüttern würden. Darauf gab er die Antwort: »Nein! Aber ich glaube, es ist im Zeitalter der Weltraumfahrt dringend nötig geworden, Gott als einen weit größeren und mächtigeren Schöpfer und Herrn anzuerkennen, als ihn viele von uns früher gesehen haben.«[94]

Diese Gedanken ergänzte er ein andermal: »Die wachsenden naturwissenschaftlichen Erkenntnisse machen den Glauben an einen Schöpfer nicht überflüssig. Je genauer wir die Merkmale der Atomstruktur, das Wesen des Lebens und den Gang der Milchstraßen verstehen lernen, desto mehr Grund haben wir, über das Wunder der göttlichen Schöpfung zu staunen.«[95]

Carsten Bresch

Carsten Bresch, geboren 1921, Professor Dr. rer. nat., Studium der Physik. 1949 Assistent am Max-Planck-Institut für physikalische Chemie in Göttingen, 1957 Lehrstuhl für Mikrobiologie an der Universität Köln, 1964 Head of Biology Division, Southwest Center for Advanced Studies in Dallas (Texas). Ab 1968 Lehrstuhl für Genetik an der Universität Freiburg, Leiter des Zentrallabors für Mutagenitätsprüfung der Deutschen Forschungsgemeinschaft. Autor des Standardlehrbuchs »Klassische und molekulare Genetik«. Inzwischen emeritierter Professor.

In einem Gespräch bekennt Bresch: »Ich bin in einem evangelischen Elternhaus groß geworden und habe dann im Konfirmandenunterricht gelernt, dass man Gott nicht durch Vernunft erkennen kann ... , sondern dass man einfach glauben müsste. Ich war schon als Schüler so naturwissenschaftlich orientiert, dass mir das so sehr gegen den Strich ging, dass ich das Christentum vergessen habe. Ich habe Naturwissenschaft studiert, Physik erst und dann Biologie, habe mich eigentlich jahrzehntelang als Agnostiker gefühlt, und dann habe ich angefangen, mich mit der Evolution zu beschäftigen. Dann ging das große Wundern los, und ich habe so viele Dinge gefunden, die mich wundern ließen, dass ich dabei – muss ich sagen – religiös geworden bin. Das bedeutet aber keine Rückkehr zum Christentum.«[96]

Wer durch diese Botschaft der Natur Gott findet oder wiederfindet, hat unwillkürlich eine andere Einstellung zu seinem Glauben: »Derjenige, der bereits aufgrund der Wortoffenbarung an Gott glaubt, muss dankbar sein für naturwissenschaftliche Erkenntnisse, die ihn in seinem Glauben an den Schöpfergott ermutigen und stärken können. Wer den in der Verkündigung zuvor erkannten Gott in der Evolution wiedererkennt, für den wirkt Gott nicht nur als Schöpfer und Vollender, sondern auch als Retter und Erlöser ... Die als Offenbarung verstandene Evolution könnte Gott bewahrheiten, ihn als denkbar und daher als »glaubwürdig« erweisen... Wer Gott in der Natur wiederfindet, freut sich darüber, auch mit seinem Verstand einzusehen, was er zuvor nur aus der Verkündigung wusste: dass Gott in unserer natürlichen Wirklichkeit gegenwärtig ist.«[97]

Paul Davies

Paul Davies wurde 1946 geboren. Er ist Professor für theoretische Physik in Newcastle upon Tyne. Er zählt zu den führenden Physikern Großbritanniens. Die »New York Times« nennt ihn »einen der fähigsten Wissenschaftsautoren diesseits und jenseits des Atlantiks.«

Paul Davies bekennt von sich: »Ich gehöre zu der Gruppe von Wissenschaftlern, die sich zu keiner der großen Religionen bekennen, aber ich meine doch, das Weltall könne kein zweckfreier Zufall sein. Meine wissenschaftliche Arbeit hat mich immer mehr davon überzeugt, dass das physikalische Universum genial konstruiert ist. Das kann ich nicht einfach als schlichte Tatsache hinnehmen. Es muss, so scheint mir, eine tiefere Erklärungsebene geben. Ob man diese tiefere Ebene ›Gott‹ nennen will, ist eine Frage des Geschmacks und der Definition.«[98]

Warum glaubt Paul Davies an eine »Transzendenz«? Er begründet sie mit folgender Überlegung: Überall um uns herum scheinen wir auf Beweise dafür zu stoßen, dass es die Natur gerade richtig hingekriegt hat. Die fundamentalen Naturgesetze besitzen große Eleganz, Einfachheit und innere Folgerichtigkeit. Sie erlauben zugleich, dass Systeme existieren, Planeten etwa mit den entsprechenden Lebensräumen, die zugleich stabil und komplex genug sind, um die Basis für bewusstes Leben abzugeben. Das aber bedeutet für Paul Davies: unsere eigene Existenz ist in die Naturgesetze »hineingeschrieben«. Offensichtlich sind wir Teil eines großen Planes.

Daraus folgt: Wer akzeptiert, dass die neue Physik Beweise für einen ›Weltenplan‹ ans Licht bringt, der steht vor der Frage, wer denn die Planer ist. Aber hier müssen wir den Bereich der Wissenschaft verlassen, die sich ja nur mit der natürlichen Welt beschäftigt und in das Gebiet der Theologie überwechseln.

Doch die neue Physik weist kraftvoll in eine neue Denkrichtung. Sie zeigt uns ein Weltall, das viel mehr ist als ein kolossaler, sinnleerer Zufall. Davies ist davon überzeugt, dass hinter unserer Existenz ein Sinn steckt.

In seinem Buch »Die Urkraft« schreibt Davies: »Wenn die Natur so schlau ist, dass sie Mechanismen ausnutzen kann, die uns durch ihren Einfallsreichtum erstaunen lassen, sollte das nicht Hinweis genug auf ein intelligentes Design sein, das hinter dem physikalischen Universum steckt? Wenn selbst die besten Köpfe nur mit größter Mühe das innere Wirkungsgefüge der Natur enträtseln können, wie soll man dann noch annehmen, dass es sich hier nur um ein zufälliges sinnloses Ereignis handelt? ... Wenn mehrere Hinweise verstanden worden sind, zeigt sich allmählich ein Muster. So, wie die Wörter in einem Kreuzworträtsel zusammen passen und ein geordnetes Bild ergeben, so erkennen wir nach und nach eine bemerkenswerte Ordnung der Natur ... Im Falle des Kreuzworträtsels kämen wir nie auf die Idee, dass die Wörter bloß zufällig in ein Muster passen ... Wenn wir also nicht daran zweifeln, dass die Ordnung, Konsistenz und Harmonie eines Kreuzworträtsels darauf schließen lassen, dass es die Hervorbringung eines einfallsreichen und erfinderischen Geistes ist, warum befallen uns dann Zweifel im Falle des Universums?«[99]

Für die Evolution ist es entscheidend, »dass etwas Wertvolles entsteht, weil ein Vorgang nach genialen, vorher festgelegten Regeln abläuft. Die Regeln sehen so aus, als ob sie einem intelligenten Plan entsprechen. Das lässt sich wohl kaum leugnen.

Zum Nachdenken

»Wenn wir eine vollständige Theorie entdecken,
für jedermann verständlich
nicht nur für eine Handvoll Spezialisten,
dann werden wir uns alle
mit der Frage auseinandersetzen können,
warum es uns und das Universum gibt.
Wenn wir die Antwort auf diese Frage fänden,
wäre das der endgültige Triumph der menschlichen Vernunft –
denn dann würden wir Gottes Plan kennen.
Wenn Sie wollen, können Sie sagen,
Gott sei die Verkörperung der physikalischen Gesetze.
Aber das ist nur verwirrend,
da die meisten Menschen das Wort Gott
mit einem Wesen verbinden,
zu dem man eine persönliche Beziehung haben kann.
Die Gesetze der Physik aber
haben wenig Persönliches an sich.«

Stephen Hawking (vgl. S. 115f.)

Wir blicken aus der Sicht der Astronauten – von denen manche wie viele Wissenschaftler zu einer neuen kosmischen Spiritualität gefunden haben – auf unseren aufgehenden Heimatplaneten. Der Fingerzeig Gottes, der Engel und andere religiöse Erfahrungen sind im Zeitalter der Weltraumfahrt nicht mehr für jeden mit einem persönlichen Gott verbunden: So wie der Mensch neue Welten erobert, findet er neue Formen des Glaubens.

Ob man glauben will, dass sie wirklich so geplant waren und falls ja, von wem, bleibt eine Sache des persönlichen Geschmacks. Ich selbst neige dazu, solchen Eigenschaften wie Einfallsreichtum, Wirtschaftlichkeit und Schönheit eine echte transzendentale Wirklichkeit zuzuschreiben – sie sind nicht nur das Ergebnis menschlicher Erfahrung – und diese Eigenschaften als Spiegelungen der Struktur der natürlichen Welt zu sehen.«[100]

Albert Einstein

Albert Einstein (1879-1955) wurde durch seine Arbeiten, von denen einige die Grundlagen der Physik revolutionierten, zum bedeutendsten Physiker des 20. Jahrhunderts. Er ist unter anderem der Urheber der Relativitätstheorie. 1921 erhielt er den Nobelpreis für Physik.

Für Einstein ist die wissenschaftliche Forschung heute die einzige schöpferische religiöse Aktivität. Er bekennt ausdrücklich seine Nähe zum jüdischen Glauben: In den Psalmen offenbart sich »eine Art trunkener Freude und Verwunderung über die Schönheit und Erhabenheit dieser Welt, von welcher der Mensch eben noch eine schwache Ahnung erlangen kann. Es ist das Gefühl, aus welchem auch die wahre Forschung ihre geistige Kraft schöpft.«[101]

Nach Einstein ist es nicht denkbar, dass ein ernst zu nehmender Wissenschaftler, ein »tiefschürfender Geist«, wie er ihn nennt, nicht auch zugleich ein religiöser Mensch sei. »Seine Religiosität liegt in einem verzückten Staunen über die Harmonie der Naturgesetzlichkeit, in der sich eine überlegene Vernunft offenbart.«[102] Im Vergleich zu dieser überlegenen Vernunft ist alles menschliche Denken nur ein ganz schwacher Abglanz.

Ein bekannter Ausspruch von Einstein lautet: »Ein begrenztes Wissen führt uns von Gott weg, ein erhöhtes Maß wieder zu Gott zurück!«[103]

Stephen Hawking

Stephen Hawking (geb. 1942) ist Physiker und Mathematiker an der Universität Cambridge, wo ihm 1979 der Titel »Lucasian Professorships« verliehen wurde, ein angesehenes Lehramt, das vor ihm Newton und Paul Dirac bekleideten.

Der Spiegel[104] charakterisiert ihn mit folgenden Worten: »Sein Scharfsinn wird als genial gerühmt, seine Neugier trägt faustische Züge: Nach ›Gottes Plan‹ sucht der gelähmte britische Astrophysiker, den Fachkollegen wegen seiner Einsichten gern mit Albert Einstein vergleichen. Der stumme Denker aus Cambridge, der nur über einen Sprechcomputer kommunizieren kann, will eine alles erklärende ›Weltformel‹ finden: ›Mein Ziel ist ein vollständiges Verständnis des Universums.‹«

Hawking leidet seit über zwanzig Jahren an Muskelschwund, ist an den Rollstuhl gefesselt und kann sich nur durch einen Sprechcomputer verständigen. Sein Buch »Eine kurze Geschichte der Zeit – Die Suche nach der Urkraft des Universums«[105] schliesst er ab mit den Sätzen: »Wenn wir ... eine vollständige Theorie entdecken, dürfte sie nach einer gewissen Zeit in ihren Grundzügen für jedermann verständlich sein, nicht nur für eine Handvoll Spezialisten. Dann werden wir uns alle ... mit der Frage auseinandersetzen können, warum es uns und das Universum gibt. Wenn wir die Antwort auf diese Frage fänden, wäre das der endgültige Triumph der menschlichen Vernunft – denn dann würden wir Gottes Plan kennen.«

Einsteinportrait: Das verzerrte Linienraster im Hintergrund steht für das durch Einsteins Theorien in Bewegung geratene Weltbild. Wir müssen unsere Vorstellung von einem Universum, das sich aus festen Körpern zusammensetzt, revidieren. Auch unser Zeitbegriff dient nicht mehr grundsätzlich als konstante Meßeinheit – im Bild dargestellt durch die gestauchten und gedehnten Uhren. Der siebenarmige Leuchter – als Symbol für Einsteins jüdischen Glauben – symbolisiert den uns nahen Weltraum: Die sieben Kerzen leuchten wie die Sonne, der Mond und die wichtigsten Planeten – feste Werte in einer aus den Fugen geratenen Welt.

In dem Spiegel-Interview wird Hawking gefragt: »Glauben Sie an Gott oder an die Vorstellung irgendeiner höheren Macht?« Seine Antwort: »Ich glaube nicht an einen persönlichen Gott.« Spiegel: »Heißt das, dass Sie an einen unpersönlichen Gott glauben?« Hawking: »Wenn Sie wollen, können Sie sagen, Gott sei die Verkörperung der physikalischen Gesetze. Aber das ist nur verwirrend, da die meisten Menschen das Wort Gott mit einem Wesen verbinden, zu dem man eine persönliche Beziehung haben kann. Die Gesetze der Physik aber haben wenig Persönliches an sich.«

Werner Heisenberg

Werner Heisenberg wurde 1901 in Würzburg geboren. 1927 wurde er Professor für theoretische Physik in Leipzig, seit 1941 war er Professor und Direktor des Max-Planck-Instituts für Physik in Berlin, später Göttingen, seit 1958 in München. 1948 wurde Heisenberg Präsident des Deutschen Forschungsrates und anderer wissenschaftlicher Institutionen. 1927 beschrieb er die für die Quantenphysik grundlegende Unschärferelation. 1932 erhielt er den Nobelpreis für Physik.

In einem Gespräch fragte Wolfgang Pauli ziemlich unvermittelt Werner Heisenberg: »Glaubst du eigentlich an einen persönlichen Gott? Ich weiss natürlich, dass es schwer ist, einer solchen Frage einen klaren Sinn zu geben, aber die Richtung der Frage ist doch wohl erkennbar.«

»Darf ich die Frage auch anders formulieren?« erwiderte Heisenberg. »Dann würde sie lauten: Kannst du oder kann man der zentralen Ordnung der Dinge oder des Geschehens, an der ja nicht zu zweifeln ist, so unmittelbar gegenübertreten, mit ihr so unmittelbar in Verbindung treten, wie dies bei der Seele eines andern Menschen möglich ist? Ich verwende hier ausdrücklich das ... Wort ›Seele‹, um nicht missverstanden zu werden. Wenn du so fragst, würde ich mit Ja antworten.« ... »Du meinst also, dass dir die zentrale Ordnung mit der gleichen Intensität gegenwärtig sein kann wie die Seele eines anderen Menschen?« »Vielleicht.« »Warum hast du hier das Wort ›Seele‹ gebraucht und nicht einfach vom anderen Menschen gesprochen?« »Weil das Wort ›Seele‹ eben hier die zentrale Ordnung, die Mitte bezeichnet bei einem Wesen, das in seinen äußeren Erscheinungsformen sehr mannigfaltig und unübersichtlich sein mag.«[106]

Ein bekannter Ausspruch von Heisenberg lautet: »Der erste Trunk aus dem Becher der Naturwissenschaft macht atheistisch, aber auf dem Grunde des Bechers wartet Gott.«[107]

Pascual Jordan

Pascual Jordan wurde 1902 in Hannover geboren, 1929-1944 war er Professor für theoretische Physik in Rostock, 1944/45 in Berlin, seit 1947 in Hamburg. 1957-1961 ist er Mitglied des Bundestages. Jordan war maßgebend am Aufbau der Quantenmechanik beteiligt. Mit Born und Heisenberg formulierte er 1925 die wesentlichen Grundlagen der Matrizenmechanik. Spätere Arbeiten galten u.a. der Quantenelektrodynamik, der projektiven Relativitätstheorie und Kosmologie sowie der Quantenbiologie.

Pascual Jordan vertrat als junger Mensch die Meinung, durch die moderne Physik werde der Glaube wieder möglich. Im Alter war er sogar davon überzeugt, dass die Wissenschaft den Glauben an Gott und ans Jenseits bestätige.[108]

Johannes Kepler

Johannes Kepler (1571-1630) war Mathematiker, Physiker und evangelischer Theologe. Er studierte in Tübingen evangelische Theologie. Ab 1594 war er Mathematiklehrer in Graz. 1600 siedelte er nach Prag über, wurde T. Brahes Nachfolger als Astronom Rudolfs II. Außer auf dem Gebiet der Astronomie – bekannt sind die drei Keplerschen Gesetze – leistete Kepler Bahnbrechendes in der Optik. Hier befasste er sich mit der Ausbreitung des Lichtes und dem Sehvorgang. Ergebnis war u.a. das astronomische oder Keplersche Fernrohr.

Auch Kepler beschäftigten die von Jordan erwähnten Überlegungen: »Der Tag ist nahe, wo man die reine Wahrheit im Buch der Natur wie in der Heiligen Schrift erkennen und sich über die Harmonie beider Offenbarungen freuen wird.«[109]

Isaac Newton

Isaac Newton (1643-1727) war englischer Mathematiker, Physiker und Astronom. Schon als Student entwickelte er bahnbrechende theoretische Ansätze über die Natur des Lichtes, über die Gravitation und die Planetenbewegung. Er gilt als der Begründer der klassischen theoretischen Physik und damit (neben G. Galilei) der exakten Naturwissenschaften überhaupt. Sein Hauptwerk: »Philosophiae naturalis principia mathematica«. In ihm formuliert er die Axiome der Mechanik. Die von ihm geschaffene Grundlage der Mechanik wurde erst zu Beginn des 20. Jahrhunderts durch die Einstein'sche Relativitätstheorie modifiziert.

Newton bekennt: »Die bewundernswürdige Einrichtung der Sonne, der Planeten und Kometen hat nur aus dem Tatschluss und der Herrschaft eines alles einsehenden und allmächtigen Wesens hervorgehen können... Dieses unendliche Wesen beherrscht alles, nicht als Weltseele, sondern als Herr aller Dinge. Wegen dieser Herrschaft pflegt unser Gott Pantokrator, d.h. der Herr über alles, genannt zu werden.« Aus diesem Herrschaftsverhältnis folgert Newton, dass Gott kein Prinzip ist, sondern Person: »Die Herrschaft eines geistigen Wesens ist es, was GOTT ausmacht; sie ist wahr im wahren Gott ... Es folgt hieraus, dass der wahre Gott ein lebendiger, einsichtiger und mächtiger Gott ist, dass er über dem Weltall erhaben und durchaus vollkommen ist. Er ist ewig und unendlich, allmächtig und allwissend ... er regiert alles, er erkennt alles, was ist oder was sein kann.« Deshalb verwirft Newton auch die Gleichsetzung Gottes mit dem Schicksal oder einer mechanischen Notwendigkeit, wie sie von den Materialisten angenommen wird:

Kopernikus, Kepler, Galilei und Newton haben das alte Weltbild aus den Angeln gehoben. Im Hintergrund sieht man eine zeitgenössische Darstellung vom Menschen, der sich über den Rand der Erdscheibe hinauswagt. Eine Zeichnung vom Planetenmodell steht für die Widerlegung des geozentrischen Weltbildes, sowie für neuzeitliche Theorien zu den Planetenbewegungen.

»... Gott ohne Vorsehung, ohne Herrschaft und ohne Endursachen ist nichts anderes als das Fatum und die Natur. Die blinde metaphysische Notwendigkeit kann keine Veränderung der Dinge hervorbringen, ... die Verschiedenheit aller Dinge kann nur von dem Willen und der Weisheit eines notwendig existierenden Wesens herrühren.« Hier benützt Newton ein besonders eindrucksvolles Argument. Ohne Gott wäre die Natur in der Tat keiner echten Vielfalt fähig, also auch keiner echten Veränderung und Entwicklung. Sie wäre nur eine einzige sich selbst genügende Wesenheit. ... Nur durch die grundsätzliche Personalität Gottes und die von ihm dem Menschen verliehene Einzigkeit können wir dem einzelnen Menschen einen unaufhebbaren Wert zuschreiben[110].

Max Planck

Max Planck (1858-1947) war einer der bedeutendsten Physiker des 19./20. Jahrhunderts, der insbesondere auch durch seine Gesinnung und sein geradliniges und unbeirrbares Handeln eine hervorragende Stellung unter den deutschen Physikern einnahm. Als Begründer der Quantentheorie zählt er zu den Mitbegründern der modernen Physik. Bei seinen Arbeiten auf dem Gebiet der Wärmestrahlung stieß er auf eine neue, später nach ihm als Plancksches Wirkungsquantum benannte, Naturkonstante. 1918 erhielt Planck den Nobelpreis für Physik.

In einem Vortrag setzt sich Max Planck mit der Frage auseinander, ob zwischen Naturwissenschaft und Glaube unüberbrückbare Gegensätze bestehen. Er verneint diese Frage und begründet sie: Die Naturwissenschaft stellt fest, »dass erstens eine von den Menschen unabhängige Weltordnung existiert und dass zweitens das Wesen dieser Weltordnung niemals direkt erkennbar ist, sondern nur indirekt erfasst beziehungsweise geahnt werden kann. Die Religion benutzt hierfür ihre eigentümlichen Symbole, die exakte Wissenschaft ihre auf Sinnesempfindungen begründeten Messungen. Nichts hindert uns also, ... die Weltordnung der Naturwissenschaft und den Gott der Religion, miteinander zu identifizieren. Danach ist die Gottheit, die der religiöse Mensch mit seinen anschaulichen Symbolen sich nahe zu bringen sucht, wesensgleich mit der naturgesetzlichen Macht, von der dem forschenden Menschen die Sinnesempfindungen bis zu einem gewissen Grade Kunde geben.«[111]

Bei einem Vortrag in Florenz bekennt Planck von sich: als Physiker, der er sein ganzes Leben der nüchternen Wissenschaft gedient habe, sei er wohl frei von dem Verdacht, ein Schwarmgeist zu sein. Bei seiner Forschung habe er festgestellt: die Atomteilchen werden durch eine Kraft in Schwingungen versetzt. Diese Kraft hält sie zusammen zu einem winzigen Sonnensystem des Atoms. Nun gibt es in der ganzen Welt weder eine intelligente noch eine ewige Kraft. Folglich müssen wir hinter dieser Kraft einen bewussten, intelligenten Geist annehmen. Und dieser intelligente Geist ist nach seiner Meinung der Urgrund aller Materie. Er, der unsichtbare, unsterbliche Geist ist das Wahre, das Wirkliche, nicht die sichtbare und vergängliche Welt[112].

Wie viele Naturwissenschaftler versucht auch Planck eine Brücke zwischen der Naturwissenschaft und der Religion zu schlagen. Planck sieht in beiden eine »Verkündigung der Schöpfung und des Schöpfers.«[113]

»Religion und Naturwissenschaft befinden sich nicht in einem Gegensatz, sondern sie führen auf verschiedenen Wegen zum gleichen Ziel, und dieses Ziel ist Gott.«[114] »Für die Religion steht Gott am Anfang der Erkenntnis, für die Naturwissenschaft am Ende.«[115]

Rupert Sheldrake

Rupert Sheldrake gilt als Vordenker der neuen Wissenschaft. 1967 promovierte er in Biochemie an der Cambridge University, wo er danach auch lehrte. Als Research Fellow der Royal Society führte er Forschungsarbeiten im Bereich der Entwicklung von Pflanzen und der Alterung von Zellen durch. In den Jahren 1974 bis 1978 arbeitet er als leitender Pflanzenphysiologe am International Corps Research Institute in Hyderabad, Indien. Bekannt geworden ist er durch seine Bücher: »Das schöpferische Universum«[116]; »Das Gedächtnis der Natur«[117] und die »Wiedergeburt der Natur«.[118]

In dem Interview mit einem Mitarbeiter der Zeitschrift »Psychologie heute«[119] bekannte Sheldrake: Gott ist die treibende Kraft des gesamten evolutiven Prozesses. »Die alte Auffassung von Gott als einem ›Uhrmacher‹ stammt aus dem 17. Jahrhun-

dert. Gott schuf die Welt, und dann ›lief‹ sie mehr oder weniger gut alleine weiter. Gott überliess das perpetuum mobile sich selbst. Heute wissen wir, dass sich das Universum in einer unablässigen Evolution befindet, es ist kein ›Uhrwerk‹, nichts Konstantes. Deshalb ist das alte Bild eines tranzendenten, ›jenseitigen‹ Gottes auch überholt. Wenn Gott der Schöpfer-Gott ist, dann muss er der Natur inhärent sein, dann ist er die treibende, kreative Kraft. ... Gott ist immanent, aber er besitzt auch einen transzendenten Aspekt, indem er – unter anderem – ein einigendes Ziel darstellt. Diese Sichtweise bevorzuge ich selbst.«

In seinem Buch »Das Gedächtnis der Natur« stellt er die Frage: »Gibt es einen Anfang?« Er antwortet: »Doch wie auch immer wir die Übereinstimmung und Unterschiede zwischen der alten Idee der Weltseele und der neuen Idee des Welt-Feldes interpretieren mögen, unweigerlich stoßen wir auf die Frage nach ihrem Ursprung und der Quelle dessen, was in ihnen geschieht. Selbst wenn wir ewige und transzendente Ideen oder Gesetze als die allem zugrunde liegende Wirklichkeit erachten, bleibt die Frage, woher solche Gesetze kommen und wie aus solchen transzendenten, nichtmateriellen Entitäten die materielle Wirklichkeit des Universums hervorgegangen sein soll. Und weshalb sollten wir in einem evolutionären Universum – überhaupt annehmen, dass die Gesetze im vorhinein festgelegt wurden?

Natürlich können wir den Ursprung des Universums und das Wirken des Schöpferischen in ihm einfach als ein ewiges Mysterium betrachten und uns damit zufrieden geben. Fragen wir aber weiter, so geraten wir auf das Terrain uralter Denktraditionen, in denen der schöpferische Urgrund die verschiedensten Namen trägt: das Eine, Brahman, die Leere, das Tao, die ewige Vereinigung von Shiva und Shakti, die Heilige Dreieinigkeit. In all diesen Traditionen erreichen wir früher oder später die Grenzen des begrifflichen Denkens und das Gewahrsein dieser Grenzen. Nur Glaube, Liebe, mystische Einsicht, Kontemplation, Erleuchtung oder göttliche Gnade geben uns die Möglichkeit, diese Grenzen zu überschreiten.«[120]

Die Vorstellung vom Kosmos als Uhrwerk oder Perpetuum Mobile: Eine alte Zeichnung des heliozentrischen Weltbildes greift quasi in die Zacken eines Zahnrades. Drahtspulen oder Spiralen versinnbildlichen die Idee von einer konstanten, drehenden Vorwärtsbewegung des Universums (vgl. S. 101).

James S. Trefil

Trefil ist Professor für Physik an der Universität von Virginia. Er ist Verfasser von
Lehrbüchern für Physik und zahlreicher Arbeiten für Fachzeitschriften.

In seinem Buch »Augenblickliche Schöpfung«[121] schreibt Trefil: »Wenn ich mich
mit meinen Freunden darüber unterhalte, dass die Grenzen der Forschung unnach-
giebig und beharrlich bis zum Augenblick der Schöpfung vorgeschoben werden,
fragen sie mich oft, welche Folgen diese neue Physik für die Religion hat. Dass es
solche Folgen gibt, ist offensichtlich – besonders, wenn darüber spekuliert wird, wie
das Weltall überhaupt dazu kam, zu entstehen. Physiker fühlen sich bei solchen Fragen
im Allgemeinen sehr unbehaglich, weil sie nicht mit den in ihrer Wissenschaft übli-
chen Methoden beantwortet werden können. Ich gebe hier meine eigene, ganz persönliche Ansicht wieder und bin mir dessen bewusst, dass andere Wissenschaftler sie
möglicherweise nicht teilen.

Wir Menschen finden oft Unbehagen, wenn wir über den implizit in der neuen Physik
enthaltenen wissenschaftlichen Fortschritt nachdenken. Dieses Unbehagen entstammt,
wie mir scheint, der Vorstellung, die Naturwissenschaft greife in ein Gebiet ein, das
die Religion für sich beansprucht, wenn sie mit ihren Methoden die Erschaffung der
Welt erforscht. Ich stelle mir vor, dass unsere Ahnen im neunzehnten Jahrhundert so
empfanden, als Darwin das Kind endlich beim Namen nannte und die Gesetze der
Evolutionsbiologie auf den Menschen anwandte. In der Rückschau erkennen wir
jedoch, wie wenig die Tatsache, dass menschliche Wesen sich aus niedrigeren Formen
des Lebens entwickelten, den wesentlichen Zügen religiösen Glaubens schadet. Für
das Christentum ... ist die Evolution schlicht ohne Belang.

Wenn die Geheimnisse des Augenblicks der Schöpfung erst verstanden sind, werden
unsere Nachfahren, so vermute ich, dazu etwa dieselbe Einstellung haben wie wir zur
Evolution. Diese Erwartung gründet sich auf das Wesen wissenschaftlichen Denkens.
Wie weit wir auch in ein wissenschaftliches Problem eindringen, finden wir doch
immer wieder etwas, das noch nicht erklärt und definiert ist. ...

Unser neues Denken von den Gesetzen, die das Wesen der Elementarteilchen bestimmen, könnte uns erlauben – so scheint es heute – die Grenzen bis zur Erschaffung der

Welt selbst hinauszuschieben. Dies ändert nichts an der Tatsache, dass es eine Grenze gibt. Es lenkt nur unsere Aufmerksamkeit von der stofflichen Form des Weltalls auf die Gesetze, die sein Verhalten bestimmen. Ich kann einen Philosophen des einundzwanzigsten Jahrhunderts sagen hören: ›Gut, wir stimmen darin überein, dass das Weltall wegen der Naturgesetze existiert. Aber wer schuf diese Gesetze?‹ Ich fühle mich viel wohler mit der Vorstellung von einem Gott, der die physikalischen Gesetze erschuf, die die Existenz unseres großartigen Weltalls zur Folge haben, als mit der Vorstellung des altmodischen Gottes, der mühsam ein Stück nach dem andern formen musste.«

Heinrich Vogt

Vogt (1890-1968) studierte 1911 bis 1919 Astronomie, Mathematik und Physik in Heidelberg. Seit 1933 war er ordentlicher Professor und Direktor der Sternwarte in Heidelberg. Seine Hauptaufgabengebiete sind theoretische Astrophysik, Kosmogonie und Kosmologie. In der Astrophysik ist ein Theorem[122] nach ihm benannt. – Vogt war Mitglied der Deutschen Akademie der Wissenschaften zu Halle und der Heidelberger Akademie der Wissenschaften. Aufgrund seiner astrophysikalischen und kosmogonischen Arbeit genießt Vogt Weltruf.

Vogt schreibt über die Stellung des Menschen in der Welt: »Im Hinblick auf die gigantischen Ausmaße ... ist der Mensch auf der kleinen Erde, die selbst nur ein mikroskopisches Stäubchen im Universum ist, etwas, was vollständig in der Weite des Weltenraumes verschwindet, ein Nichts im All, wenigstens materiell gesehen. Aber er ist ja nicht nur eine materielle Substanz. Er ist gleichzeitig ein Brennpunkt geistiger Energie. Der Mensch vermag kraft seines Geistes, kraft seiner Intelligenz ... das materielle Universum bis in seine größten Tiefen hinein zu erfassen, die Welt vom Atom bis zu den großen Sternensystemen zu erforschen, die in ihr geltenden Gesetze abzuleiten und diese Gesetze weitgehend zu erklären. ... Auch geht es ihm dabei letzten Endes nicht um Atome, nicht um ein Weltall glühender Gaskugeln, sondern um das hohe Geheimnis, das dahinter steht, um den letzten Sinn, der das

ganze Sein durchwaltet. Vollständig dieses letzte Mysterium zu entschleiern, wird
ihm jedoch wohl nie möglich sein, und zwar ... erst recht nicht mit den Methoden der
Naturwissenschaft, denen sich alles entzieht, was jenseits unserer Raum-Zeit-Ordnung
ist. Der Mensch wird immer tiefer und tiefer eindringen in die Geheimnisse des
Universums, aber es wird für ihn immer allerletzte Grenzen geben, Grenzen für sein
Anschauungsvermögen, Grenzen für sein verstandesmäßiges Erkennen, über die hinaus er forschend nicht weiter vorstoßen kann. Je mehr er vordringt, umso deutlicher
zeigen sich ihm diese Grenzen. Gleichzeitig wird dabei in ihm die Gewissheit immer
mehr gefestigt, dass die Existenz der Welt sich nicht aus ihrer Beschaffenheit heraus
begründen lässt, dass die Welt nicht etwa ein Produkt der Materie sein kann, sondern
dass es außer der Welt der Materie, der Welt der Atome und der Sterne, noch etwas
anderes geben muss, dass es einen überweltlichen Urgrund geben muss, aus dem
heraus die Welt und auch der Menschengeist ist, einen Urgrund, der in einem nur
durch sich selbst bedingten absoluten Sein zu suchen ist, dass es einen Geist geben
muss, der über Materie, Raum und Zeit und jede Seinsstufe transzendiert, einen Geist,
der unendlich hoch über dem menschlichen Geist steht, einen Geist göttlicher Natur,
der alles, was da ist, erschaffen hat und dies alles erhält und auch jetzt noch in Seinem
Sinne lenkt.«[123]

Das sind einige Antworten von Naturwissenschaftlern auf die Frage nach dem Anfang.
Warum es keine eindeutige Antwort geben kann, hat *George V. Coyne*, der Direktor
der Sternwarte des Vatikans in Castelgandolfo, so begründet:
»Unsere Form der Forschung ist die Erfahrung einer Realität – einer äußeren, nicht
einer inneren –, die uns Bescheidenheit lehrt. Je mehr wir über das Universum wissen,
desto deutlicher erkennen wir, wie wenig wir wissen. Es gibt etwas, das wir niemals
vollkommen begreifen werden: nicht so sehr seine Größe, als vielmehr seine inneren
Geheimnisse.«[124]

**Gibt es einen persönlichen Gott? Das Bild illustriert die Frage nach Gott als Urheber, als erstes
Glied in der Evolutionskette. Eine alte Darstellung von einem »Gottvater« wird einer sachlich-
biologischen Zeichnung der Evolutionsphasen gegenübergestellt.**

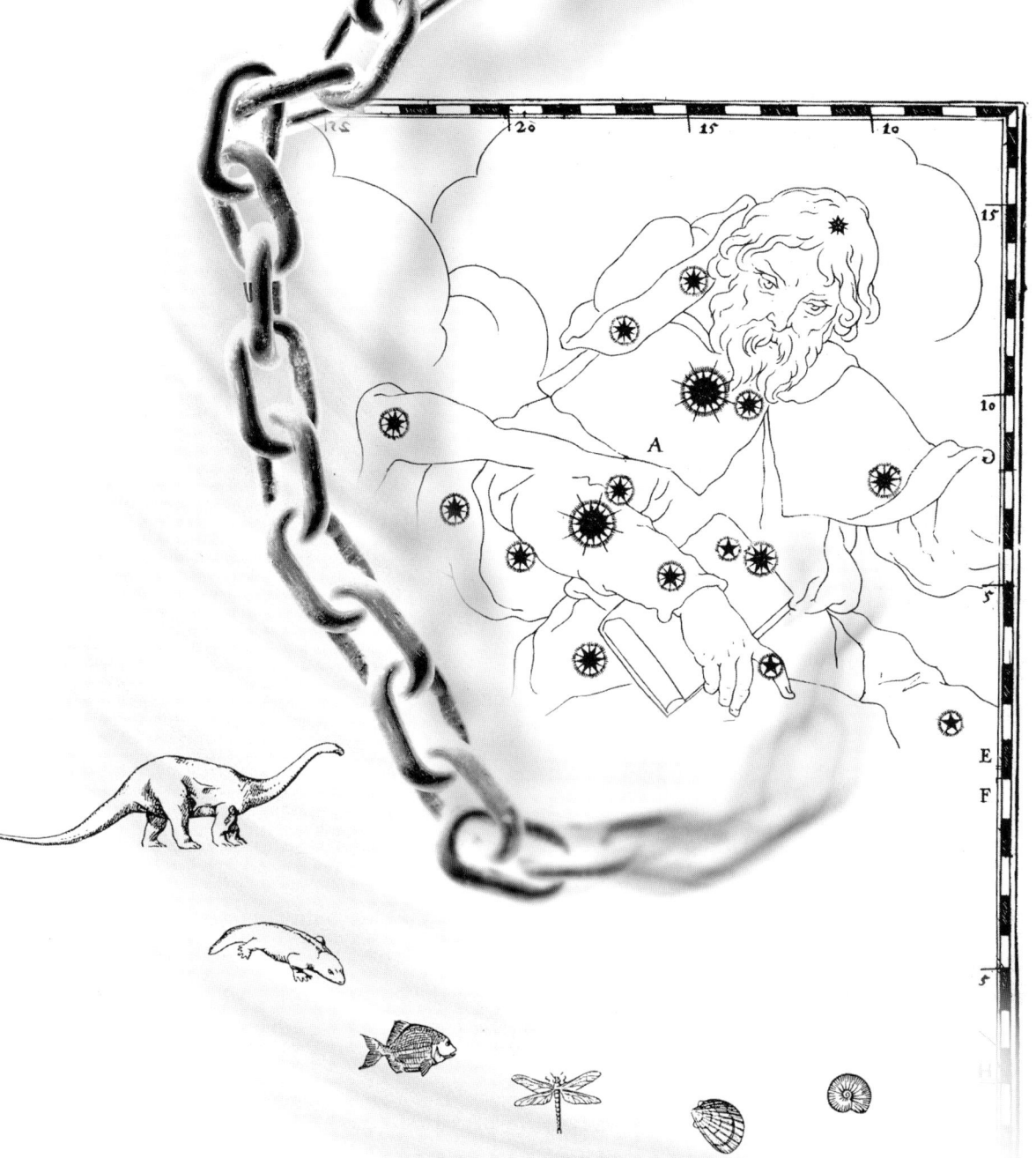

5 Ist ein persönlicher Gott denkbar?

Gott ohne Vorsehung ist nichts anderes
als das blinde Schicksal.

Isaac Newton

Während viele Naturwissenschaftler nur etwas »Unpersönliches« als Urgrund allen Seins erkennen (können), helfen uns die folgenden philosophischen Ansätze bei unserer Frage nach »Gott« vielleicht weiter.

1. Ansatz: Alle Lebewesen werden geboren und sterben. Alle haben einen Anfang und ein Ende. Das gilt für jedes einzelne Lebewesen. Das gilt auch für jede einzelne Art. Wenn wir unsere Ahnenkette bis zu den ersten Einzellern in der »Ursuppe« zurück verfolgen, wenn wir uns den Stammbaum ansehen, zu dem alle Lebewesen gehören, dann steht am Anfang ein Lebewesen, dem wir alle unser Leben zu verdanken haben. Aber dieses erste Lebewesen gehört mit zu unserer Ahnenkette. Es steht zwar am Anfang, ist aber gleichzeitig Glied dieser Kette, wenn auch das erste Glied. Da aber dieses erste Lebewesen – wie wir alle – einen Anfang und ein Ende hatte, muss es auch dafür einen Urheber geben – einen Urheber, der selbst nicht zu dieser Kette gehört und der selbst nicht geschaffen wurde.

Ein Vergleich: »Wenn jemand bei einem anderen eine Schreibmaschine ausleihen will, kann er sie nur bekommen, wenn der darum Gebetene selbst eine solche besitzt. Besitzt er keine, muss er zuerst bei einem anderen eine Maschine ausleihen. Dies lässt sich immerfort wiederholt denken. Aber irgendwo muss wirklich, real eine Schreibmaschine vorhanden sein, sonst kann man sich keine ausleihen.«[125] Ersetzen wir das Wort »Schreibmaschine« durch das Wort »Leben« und »Geist«, so sind wir wieder bei unsern ursprünglichen Überlegungen angelangt: Es muss etwas geben, das mit Leben und Geist zu tun hat und das keinen Anfang haben konnte.

Doch, wie können wir uns diesen »Urheber« des Lebens und des Geistes vorstellen? Ein altes Sprichwort sagt: »Niemand kann etwas geben, was er selbst nicht besitzt!« Wir Menschen besitzen Verstand, Selbstbewusstsein und freien Willen. Wir sind

Zum Nachdenken

»So geraten wir auf das Terrain uralter Denktraditionen,
in denen der schöpferische Urgrund
die verschiedensten Namen trägt:
das Eine, Brahman, die Leere, das Tao,
die ewige Vereinigung von Shiva und Shakti,
die Heilige Dreieinigkeit.
In all diesen Traditionen erreichen wir früher oder später
die Grenzen des begrifflichen Denkens
und das Gewahrsein dieser Grenzen.
Nur Glaube, Liebe, mystische Einsicht,
Kontemplation, Erleuchtung oder göttliche Gnade
geben uns die Möglichkeit,
diese Grenzen zu überschreiten.«

Rupert Sheldrake (vgl. S. 123)

So wie wir die Sprache der Vögel nicht verstehen, spricht auch das Universum seine eigene Sprache, deren Sinn und Geheimnis wir nie endgültig ergründen werden. Die Gesetze, die wir meinen zu verstehen, beschreiben lediglich die Regeln nach denen unser eigenes Denken funktioniert. Die Natur liegt vor unseren Augen wie ein offenes Buch und doch entzieht sie sich unserm Verständnis wie die wunderschöne Blüte, die am Bildrand zu verschwinden scheint (vgl. S. 130 f.).

»Person«. Folglich muss der, dem wir unser Leben zu verdanken haben, selbst auch Person sein. Eine Person, die nicht wie wir einen Anfang und ein Ende hat.

2. Ansatz: Wir erinnern uns: aus der leblosen Materie entstehen die Bausteine des Lebens, die Aminosäuren, und aus diesen die ersten einfachen Lebewesen. Mit anderen Worten: Aus der toten, leblosen Materie wird Leben. Hätte die tote Materie »denken« können, wäre sie sicherlich nie auf die Idee gekommen, dass sie über sich selbst hinaus wachsen und etwas völlig Neues und Unerwartetes hervorbringen könnte. Dasselbe gilt für den Übergang vom Tier zum Menschen. Kein Tier hätte je auf den Gedanken kommen können, dass einmal ein Wesen mit Verstand und freiem Willen aus ihm hervorgehen würde. Die beiden hier genannten Sprünge sind wohl die markantesten und wichtigsten Schritte auf dem Weg der Natur zum Leben und zum Menschen.

Was war geschehen? Die leblose Materie begann zu leben, zu atmen, zu fühlen (Tier) und schließlich zu denken. Auf dem Wege zum Menschen fanden unzählige Übergänge statt zu einem »Mehr an Realität«, zu einer »höheren Seinsweise« (größeren Komplexität). Das Weniger an Sein, die niedrigere Seinsweise kann aber niemals aus sich heraus die Ursache für das Mehr bzw. für das Höhere sein. Ein Tier kann aus eigener Kraft niemals einen Menschen mit Geist, Selbstbewusstsein und freien Willen hervorbringen.

Trotzdem müssen wir sagen: die leblose Materie hat Leben hervorgebracht. Aus der Tierwelt ging schließlich der Mensch hervor. Die Naturwissenschaften haben es so bewiesen. Daran ist nicht zu zweifeln. Aber wir können und müssen uns fragen – Philosophen tun es auch: »Woher hat die Natur die Fähigkeit und die Kraft, Leben und Geist hervorzubringen?« *Teilhard de Chardin* antwortet: »Gott macht, dass die Dinge sich selber machen!« Teilhard spricht von einer »evolutiven Schöpfung« oder von einer »schöpferischen Evolution«, in der Gott weiter tätig ist.

Philosophen fordern für uns Menschen einen »Urheber von mindestens gleicher Seinshöhe«. Das bedeutet: Es muss ein Wesen geben, das aus sich heraus Leben und Geist besitzt – das Person ist.

So, nach diesen recht komplizierten Gedankengängen wissen wir: Gott ist eine Person. Und doch kommen uns gleich wieder Zweifel. Und das mit Recht. Wir machen Aussagen über ein Wesen, über das wir letztlich gar keine Aussagen machen können.

Während ich diese Sätze schreibe, beobachte ich vor meinem Fenster, wie Vögel nebeneinander auf einem Baum sitzen und ab und zu einen schwachen Laut von sich geben. Im Sommer ist das anders. Da hört man sie schon früh Morgens zwitschern.

Man hat den Eindruck – oder ist es Wirklichkeit? –, dass sie Informationen weiter geben. Was sie sich zu erzählen haben, weiß ich nicht. Die Vögel wissen aber auch nicht, worüber ich mich mit meiner Frau unterhalte. Sie – die Vögel – leben in ihrer Welt und wir Menschen leben in unserer Welt. Während wir Menschen über die »Welt der Vögel« nachdenken, sie zu erforschen versuchen, ist das umgekehrt für die Vögel nicht möglich. Da sie über uns nicht reflektieren können, werden sie auch niemals eine Ahnung von dem bekommen, was uns Menschen innerlich bewegt – wer wir sind.

An diesen Vergleich muss ich denken, wenn ich mir gerade über »Gott« Gedanken mache. Wie jeder Vergleich, so hinkt auch dieser. Wir Menschen können uns zwar über ein Wesen Gedanken machen, das wir »Gott« nennen. Wir können aber nicht in seine Welt vorstoßen. Wir können ihn mit unserm menschlichen Verstand niemals auch nur annähernd erfassen. Er ist und bleibt für uns der ganz Andere. Auch wenn wir sagen, er müsse mit Geist zu tun haben oder mit Leben. Dann sind es Begriffe, die aus unserer Welt stammen und nicht aus seiner. Es sind Bilder, Gleichnisse oder Ahnungen, über die der dänische Physiker und Nobelpreisträger *Niels Bohr* sagt, »dass es eben keine andere Möglichkeiten gibt, die Wirklichkeit, die hier gemeint ist, zu begreifen. Aber das heißt nicht, dass sie keine echte Wirklichkeit sind.«[126]

Rückblick

Ordnung, Harmonie und Schönheit beobachten wir in der Natur auf Schritt und Tritt. Selbst über das Chaos staunen wir, wenn wir feststellen, dass es gar nicht so chaotisch ist. Gesetzen begegnen wir bei unserem naturwissenschaftlichen Forschen. Sie haben den gesamten kosmischen Verlauf vom Urknall bis in unsere Zeit mitgestaltet. Und schließlich sind es die kreativen, schöpferischen Ideen der Natur, die uns immer wieder fasziniert haben.

All unsere Beobachtungen haben etwas Geheimnisvolles an sich. Wir haben uns gefragt: Woher kommen Schönheit, Harmonie und Ordnung?

Wie sind die Gesetze zu erklären? Oder das kreative, schöpferische Verhalten der Natur?

Letzte Antworten konnten wir nicht finden. Es bleibt ein Geheimnis, das wir nicht lüften können – ein Geheimnis, mit dem wir aber gut leben können. Wie das geschehen kann, ist Thema des nächsten Kapitels.

IV

Wege zu einer kosmischen Schöpfungs- spiritualität

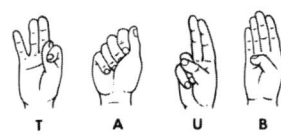
b l i n

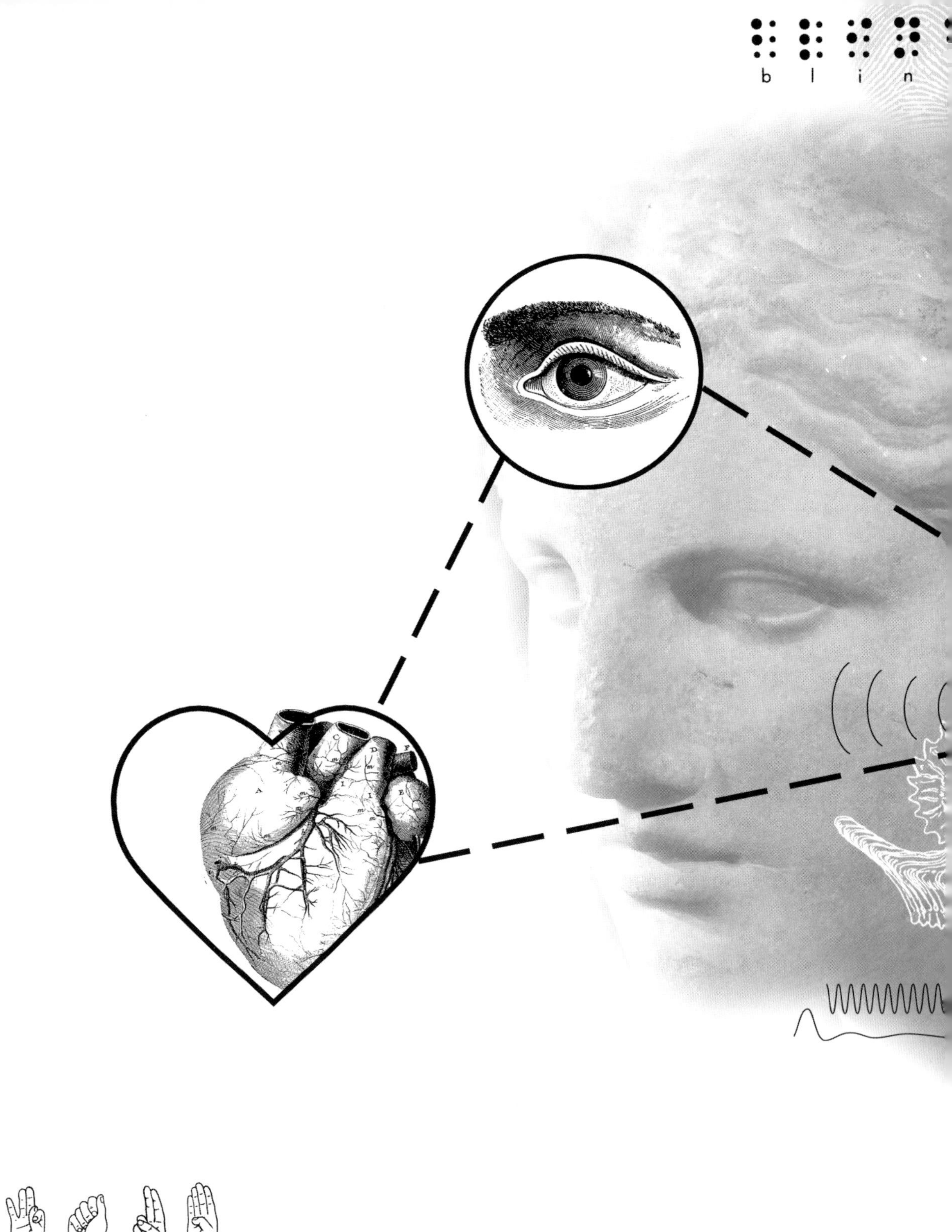

T A U B

Vorüberlegung

Die Menschheit ist an den Punkt gelangt,
wo sie entweder alles Vertrauen
in das Universum verlieren
oder aber es entschlossen anbeten muss.

Teilhard de Chardin

In einer Zeitung[127] fand ich den Bericht über K.B., der durch einen Verkehrsunfall das Augenlicht verloren hatte. Er war durch die Windschutzscheibe auf einen Baum geschleudert worden und lag mehrere Wochen im Koma. Als er erwachte, wurde er mit der Diagnose konfrontiert: »Das Sehzentrum ist völlig zerstört!« Lange dachte K.B. an Selbstmord. Dann wurde die Begegnung mit einem Rollstuhlfahrer zu einem Schlüsselerlebnis. Dieser sagte zu K.B. »Schieb Du mich, und ich sage Dir, was ich sehe!«

Die Begegnung mit dem Rollstuhlfahrer veränderte sein Leben. An die Stelle von Verzweiflung und Resignation traten nun Lebensfreude und Tatkraft. Er ließ sich zum Telephonisten umschulen, hielt Vorträge in Schulen und in den Medien zum Thema: »Einblicke in die blinde Welt« und versuchte, andern Menschen neuen Lebensmut zu machen. Selbstmitleid mochte er nicht. Er war mit seinem Leben zufrieden. »Für mich war der Unfall ein Glücksfall«, so berichtete er dem Zeitungsreporter. »Erst durch meine Blindheit habe ich richtig sehen gelernt. Wir Blinde haben einen großen Vorteil: Wir beurteilen Menschen nach dem, was sie sagen, nach ihrem Wesen und nicht nach ihrem Aussehen. Schließ einmal für ein paar Minuten die Augen und hör den Menschen einfach nur zu. Du wirst mehr über sie erfahren, als wenn Du sie gleichzeitig siehst.« Er zitierte dann die Worte von Antoine de Saint-Exupéry: »Man sieht nur mit dem Herzen gut. Das Wesentliche bleibt den Augen verborgen.«

Was bedeutet »mit dem Herzen sehen«…? Vielleicht ist es ein Versuch, mit den Augen eines Blinden zu »sehen« oder mit den Ohren eines Gehörlosen zu »hören«: Worte ertasten, Schallwellen sehen, fremde Signale verstehen. In sich hineinhorchen, hineinschauen mit dem »dritten Auge der Erkenntnis«, die Sinne schärfen – die Schnecke verweist auf das In-sich-Gehen und die Form der Ohrmuschel.

Wir haben uns viele Gedanken über das Evolutionsgeschehen gemacht.

Wir haben nach unserer Stellung im evolutiven Geschehen gefragt. Wir wollten wissen, wer oder was der »tragende Grund« für all das sein könnte, was in den 11 bis 15 Milliarden Jahren geworden ist. Es ist selbstverständlich, dass wir solche Fragen an die Naturwissenschaften richten. Von ihnen erwarten wir Antworten, die wir mit unserm Verstand verstehen. Das ist die eine Sicht der Welt. Es gibt sicherlich noch eine andere, die ebenso wichtig ist. Beurteilen wir die Welt nicht zu sehr nach dem, was wir »sehen« und mit unserm Verstand erkennen können? Versuchen wir nicht, die Welt zu rational zu erfassen? Vielleicht täte es uns gut, für einen Augenblick mal die »Augen des Geistes« zu schließen, um mit dem »Herzen hinzuhören«, was uns die Evolution über die Welt, über uns Menschen und über das zu sagen hat, was sie »im Inneren zusammenhält«. Sonst bleibt uns das Wesentliche verborgen.

Aufbauend auf den ersten drei Teilen des Buches will ich nun versuchen, fünf Wege aufzuzeigen, die zu dieser neuen Art des Sehens hinführen können, die uns sensibel machen für eine Gesamtschau des evolutiven Geschehens, das zwar rationale Kenntnisse über den Prozess voraussetzt, diese aber mit dem Herzen verarbeitet. Die innere Haltung, die sich daraus ergibt, ist eine besondere Spiritualität, die mit dem schöpferischen Prozess des Universums zu tun hat, die ich deshalb »kosmische Schöpfungsspiritualität« nennen möchte.

1. Weg: Das Geheimnisvolle in der Natur wieder entdecken

Worüber man nicht sprechen kann,
darüber muss man schweigen!

Ludwig Wittgenstein

Wir haben den Evolutionsprozess vom Urknall bis hin zu uns Menschen betrachtet. Nicht nur in seinem äußeren Ablauf, sondern auch und vor allem in seinen inneren Zusammenhängen. Sie sind es, die dem Prozess eine besondere Tiefe geben. Sie offenbaren den ganzen Prozess als ein dynamisches, kreatives, schöpferisches Geschehen, das von einer geistigen Kraft inspiriert und getragen zu sein scheint. Da wir für vieles keine wissenschaftliche Erklärung fanden – ob es uns in Zukunft gelingen wird, ist fraglich –, ist dieser Prozess voller Geheimnisse. Die Entwicklung des Kindes aus der befruchteten Eizelle; das Programm in einem Zellkern, der kleiner als ein hunderttausendstel Millimeter ist; das Blut in unsern Adern, das sich um die Versorgung des Körpers und um seine Gesundheit kümmert; der »eingebaute Thermostat«, der unser ganzes Leben lang die lebensnotwendige Temperatur von ca. 37 Grad Celsius garantiert; der Mensch in seiner Einmaligkeit; die Natur, die sich schöpferisch weiterentwickelt und ohne Anregung von außen aus Sackgassen herausfindet. Beispiele für den unerschöpflichen Ideenreichtum der Natur (vgl. S. 60ff.).

Vieles, was in der Technik in alter, neuer und neuester Zeit entwickelt wurde, finden wir seit eh und je in der Natur: Bohrer, Schrauben, Winden, Greifzangen, Hämmer, Röhren, Pumpen, Netze und Kreisel. Manche Tiere verwenden Lassos und Wurfgeschosse, oder sie bedienen sich der Lichtlampen und Reflektoren. Sie benutzen hochempfindliche optische und akustische Geräte. Selbst Ultraschall und Echopeilung finden wir in der Tierwelt – etwa bei den Fledermäusen: Seit vielen Millionen Jahren fliegt die Fledermaus unbekümmert und sicher durch Nacht und Dunkelheit. Wie orientiert sie sich? Wissenschaftler haben viele Jahre gebraucht, um das herauszufin-

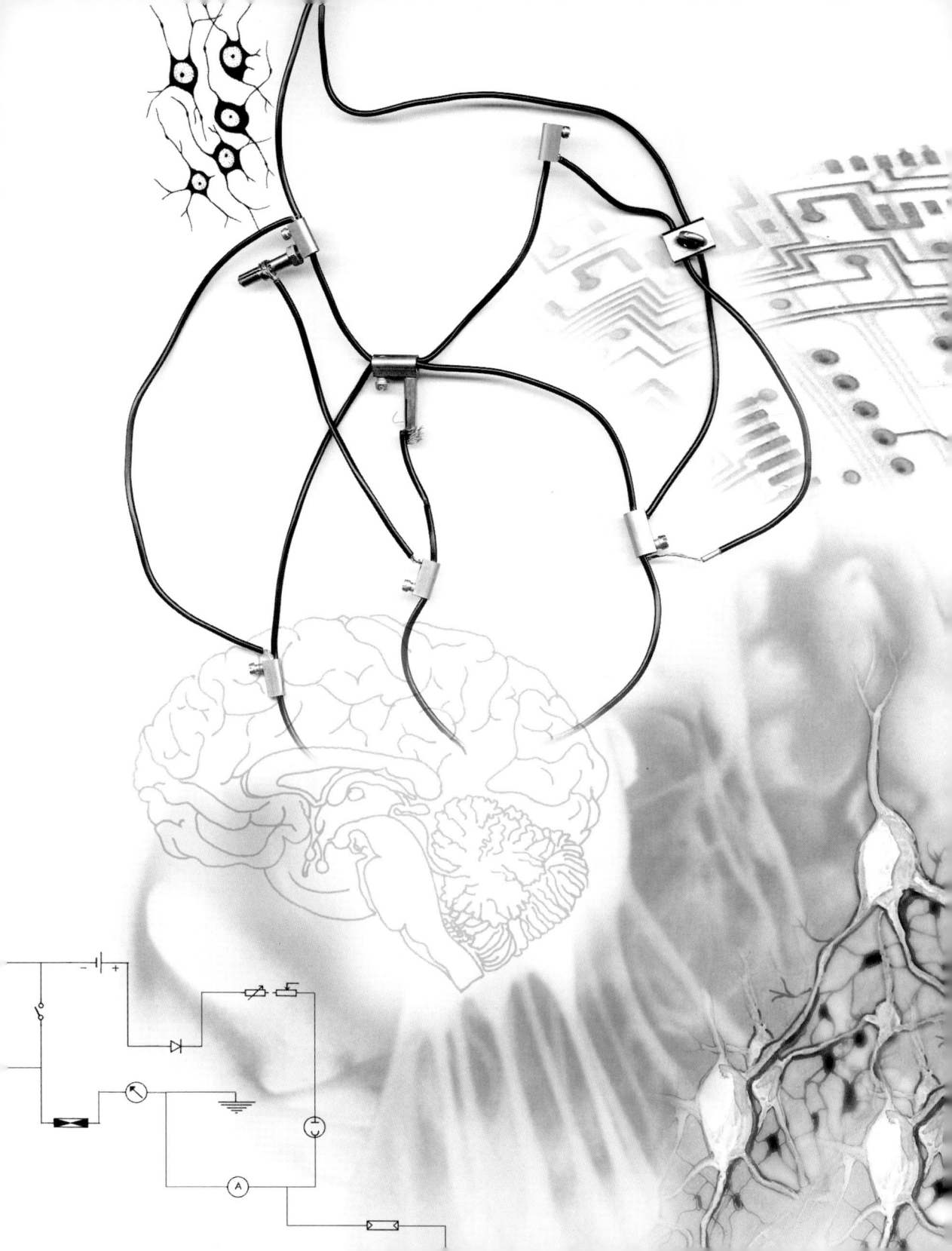

den: die Fledermaus »sieht« mit den Ohren. Während des Flugs, vor allem, wenn sie in die Nähe eines Beutetieres kommt, stößt sie Schreie aus, die das menschliche Ohr nicht wahrnehmen kann. Die Schallwellen reflektieren an dem Beutetier. Die Fledermaus registriert sie als Echo. Sie peilt das Echo an, reißt den Mund weit auf und verschluckt die Beute. Ultraschall und Echopeilung – eine Technik, die die Fledermaus mühelos beherrscht – kennen wir Menschen erst seit wenigen Jahrzehnten.

Menschen aller Zeiten waren sensibel für den Ideenreichtum und das Geheimnisvolle in der Natur. Die moderne Physik hat uns die Augen dafür wieder geöffnet. Wir wissen heute, dass nicht alles durch Gesetze zu erklären ist, wie man das Jahrhunderte geglaubt hat. Die Relativitätstheorie von Einstein und die Quantenphysik von Max Planck haben uns den Zugang zu dem Geheimnisvollen neu eröffnet.

Immer mehr Menschen öffnen sich dem Geheimnisvollen der Schöpfung, suchen und finden dort Antworten auf ihre Lebensfragen. Sie haben Ehrfurcht vor der Schöpfung, zu der auch der Mitmensch gehört. Sie sind sich bewusst, am unergründlichen Mysterium des Daseins teilzuhaben und von ihm getragen zu werden.

Über ein Geheimnis kann man nicht sprechen. Man kann nur schweigend und staunend davor stehen. So wie Kinder über den winterlichen, klaren Sternenhimmel, über die Blumenpracht und über den ersten Schnee staunen.

Eine ähnliche Haltung finden wir auch bei Naturwissenschaftlern. Etwa bei Albert Einstein, der von sich bekennt: »Das Schönste, das wir erleben können, ist das Geheimnisvolle. Es ist das Grundgefühl, das an der Wiege von wahrer Kunst und Wissenschaft steht. Wer es nicht kennt und sich nicht mehr wundern, nicht mehr staunen kann, der ist sozusagen tot und sein Auge erloschen. Das Erlebnis des Geheimnisvollen – wenn auch mit Furcht gemischt – hat die Religion erzeugt. Das Wissen um die Existenz des für uns Undurchdringlichen, der Manifestationen tiefster Vernunft und leuchtendster Schönheit, die unserer Vernunft nur in ihren primitivsten Formen zugänglich sind, dieses Wissen und Fühlen macht wahre Religiösität aus.«[128]

Beim Bau von technischen Geräten, Werkzeugen, Gebäuden und Computern hat sich der Mensch viel in der Natur abgeschaut (vgl. s. 137): z.B. Nervenbahnen und Synapsen als Modelle für elektrische Leitungsnetzwerke und Gedanken im Gehirn übertragen als elektrische Impulse. Und doch bleibt die Frage ungeklärt, wie bei dieser Datenübertragung Gefühle – die Voraussetzung für menschliche Intelligenz – entstehen können.

2. Weg: Kosmische Zusammenhänge erkennen

Der Mensch nimmt naturhaft
an allem kosmischen Geschehen teil.
Er ist innerlich wie äußerlich
mit ihm verwoben.

Grundlage der
chinesischen Philosophie

Jahrelang bemühte sich C.G. Jung darum, Menschen bei ihren Problemen zu helfen. Dabei stellte er fest: »Ich hatte ... inzwischen eingesehen, dass die größten und wichtigsten Lebensprobleme im Grunde genommen alle unlösbar sind. ... Sie können nie gelöst, sondern nur überwachsen werden. Dieses ›Überwachsen‹, wie ich es früher nannte, stellte sich bei weiterer Erfahrung als eine Niveauerhöhung des Bewusstseins heraus.

Irgendein höheres und weiteres Interesse trat in den Gesichtskreis, und durch diese Erweiterung des Horizonts verlor das unlösbare Problem die Dringlichkeit. Es wurde nicht in sich selbst logisch gelöst, sondern verblasste gegenüber einer neuen und stärkeren Lebensrichtung.«[129]

Was kann zu solch einer »Erweiterung des Horizontes« führen? Sicherlich gibt es viele Antworten auf diese Frage. Eine kann uns die Evolutionstheorie geben: Sie hat uns gezeigt: Alles, was geworden ist, bildet eine große kosmische Einheit. Der Mensch teilt die Erde mit Millionen anderen Geschöpfen. Sie alle zusammen bilden die ehrfurchtgebietende Einheit in der Vielfalt des Lebens.

Diese kosmische Einheit umfasst alles, was in 11 bis 15 Milliarden Jahren geworden ist. Für Matthew Fox gehören dazu: »Die wirbelnden Galaxien und die wilden Sonnen, die schwarzen Löcher und die Mikroorganismen, die Bäume und die Sterne, die Fische und die Wale, die Wölfe und die Tümmler, die Blumen und die Felsen, geschmolzene

Lava und verschneite Gipfel, die von uns geborenen Kinder und deren Kinder und deren und deren. Die arbeitslose Alleinerziehende und die Studentin, ... der Frosch im Teich und die Schlange im Gras, die Farben eines hellen Sonnentages und die Dunkelheit des Regenwaldes bei Nacht ..., die Wunder der Kathedrale von Chartres ... – alles gehört dazu.«[130] Diese Aufzählung lässt sich beliebig fortsetzen. Die Leser dieses Buches gehören dazu, und ebenfalls jenes junge Mädel, von dem M. Fox berichtet[131]: Zusammen mit einem Naturwissenschaftler hatte er als Theologe über die Stellung des Menschen im evolutiven Geschehen gesprochen. Nach dieser Abendveranstaltung kam eine Frau zu ihm und erzählte: »Ich habe heute Abend meine sechzehnjährige Tochter mitgebracht. Sie ist sehr intelligent und hat vor einem halben Jahr ihre Schulausbildung abgebrochen. Wir wussten alle nicht, was sie in Zukunft tun würde.« Mitten in ihrem Gespräch drehte sich die Tochter um und sagte: »Jetzt weiß ich, was ich mit meinem Leben anfangen will.« Was war geschehen? Die junge Frau hatte sich so sehr auf die Gedanken über die einzigartige Entwicklung der Evolution eingelassen, an deren Ende der Mensch mit seinen geistigen Fähigkeiten und in seiner Einmaligkeit steht, dass sie auf einmal ihr Leben unter ganz anderen Gesichtspunkten sah. Sie fand sich eingebunden in eine fünfzehn Milliarden Jahre alte Geschichte, in der sie nun eine kosmische Aufgabe erfüllen darf. Diese Überlegungen gaben ihr ein neues Selbstbewusstsein. Sie erfüllten sie mit Selbstvertrauen und Stolz. Sie hatte die Gewissheit gewonnen, dass ihr Leben, ihre Ausbildung, ihre Beziehung zur Natur und den Mitmenschen nicht belanglos sind.

Das ist natürlich nur eine Erkenntnis, wenn auch eine sehr wichtige, die unserm Leben einen neuen Sinn geben kann. Doch wie lässt sie sich mit Leben füllen? Die Antwort wird für jeden – je nach seiner Lebenssituation – anders ausfallen. Viktor E. Frankl, der drei Jahre lang in den Konzentrationslagern Dachau, Theresienstadt und Auschwitz war, könnte uns allen eine Antwort geben. Nach der Psychoanalyse von Freud und der Individualpsychologie Adlers gründete er die »Dritte Wiener Richtung«, die er »Logotherapie« nannte. Frankl will den Menschen helfen, den Sinn für ein ganz persönliches Leben zu finden, aus dem sie das Beste machen sollen.

Wie das geschehen kann, schreibt er in seinem Buch »Der Mensch vor der Frage nach dem Sinn«[132]: »Je mehr der Mensch aufgeht in seiner Aufgabe, je mehr er hingegeben ist an seinen Partner, umso mehr wird er selbst. Sich selbst verwirklichen kann er nur in dem Maße, in dem er sich selbst vergisst, in dem er sich selbst übersieht. Ist es nicht wie beim Auge, dessen Sehtüchtigkeit davon abhängt, dass es nicht sich selbst sieht?« Es sieht sich selbst, wenn es seine Linsentrübung wahrnimmt. Dann ist es am grauen Star erkrankt. So ist es nicht mehr in der Lage, die Umwelt ungeschmälert wahrzunehmen. Der Mensch, der nur sich selbst sieht, der nur sich selbst sucht, tut sich schwer, für andere offen zu sein und dadurch ein sinnvolles Leben zu finden.

Der Blick für das Ganze – wie wir es oben gesehen haben – und der Dienst an einer Idee, einer Sache oder einer Person können uns helfen, unserm Leben Tiefe und Sinn zu geben.

3. Weg: Krisen des Lebens nicht verdrängen

Leiden ist ein Bestandteil der Welt
seit ihrer Geburt.
Manches Leiden kann
– wenn es zu einer Geburt führt –
ein Segen sein.

Matthew Fox

Als die ersten Lebewesen ihre »Ursuppe« durch den Gärungsprozess »ausgelöffelt« hatten, standen sie vor der Frage: Wie soll es weitergehen?
Vor derselben Frage stand die Natur, als durch die Photosynthese eine Sauerstoff-Umweltverschmutzung eintrat, der viele Arten zum Opfer fielen. Wie soll es weitergehen? Das war auch die Frage, als das Meer nicht mehr genügend Lebensraum bieten konnte. Solche Krisensituationen finden wir unzählige Male im Laufe der Evolution. Wie reagierte die Natur? Sie resignierte nicht. Sie fand sich mit der Notsituation nicht ab. Sie stellte sich der Situation und suchte einen Ausweg, indem sie kreativ tätig wurde. So erfand sie im ersten Fall die Photosynthese, im zweiten die Sauerstoffatmung und im dritten eroberte sie in zahlreichen Schritten das Festland. In allen drei Beispielen löste sie ihre Probleme und – was besonders wichtig ist – sie schuf mit dieser jeweiligen Lösung eine bessere Lebensqualität. Die Krisen waren Anlass zu neuer Kreativität – zu einem weiteren Schritt in der Evolution.

Mir scheint es ein Grundgesetz der Evolution und der Natur zu sein, das auch für unser persönliches Leben gelten kann und soll. Wie oft geraten wir in eine Lebenskrise – wie die Natur – und stehen vor der Frage: Wie soll es weitergehen? So fragte sich K.B., von dem ich zu Beginn dieses Kapitels berichtete, als er eines Tages erfuhr, dass er niemals wieder sehen würde. Er stellte sich der Situation, nahm sie innerlich an, verarbeitete sie und konnte seinen Unfall als Glücksfall bezeichnen. Sein Leben bekam einen neuen Sinn und eine größere Tiefe.

Ähnlich erging es dem Komponisten Verdi, als ihm seine Frau und seine Kinder gestorben waren. Auch er stellte sich seiner Situation und nahm sie schließlich an. Das Ergebnis seiner inneren Auseinandersetzung war Nabucco – ein bedeutendes Werk.

Beethoven musste eines Tages erfahren, dass er taub würde. »Man stelle sich einen tauben Musiker vor, einen Tänzer ohne Beine, einen blinden Maler, einen Redner ohne Stimme. ... In seinem ›Heiligenstädter Testament‹ ringt Beethoven mit dieser Krise: ›O Vorsehung – lass einmal einen reinen Tag der Freude mir erscheinen – so lange schon ist der wahren Freude inniger Widerhall mir fremd – o wann – o wann o Gottheit – kann ich im Tempel der Natur und der Menschen ihn wieder fühlen, – nie? – nein – o es wäre zu hart.‹ Schließlich brachte Beethovens Auflösung dieser Krise ... eine Neugeburt, die Geburt seiner sechsten Synfonie, der Pastorale.«[133]

Ähnliches wird von Chopin erzählt. In Warschau aufgewachsen, verlässt er mit 20 Jahren seine Heimatstadt. Wien ist die erste Station. Sie bringt ihm nicht den gewünschten Ruhm. Er fällt daraufhin in tiefe Depressionen. Es kommt noch schlimmer. 1836 trennt er sich von seiner Verlobten. Zur gleichen Zeit lassen sich erste Zeichen eines Lungenleidens feststellen, das 1838 seine Tätigkeit als begehrter Lehrer und berühmter Pianist in Paris behindert. Sein Zustand verschlimmert sich zusehends. Chopin weiß darum. Auch er nimmt sein Leid und seine Krankheit an. So komponiert er – wie Kenner sagen – in den letzten Jahren seines Lebens seine größten Werke. Noch als Todgeweihter unternimmt Chopin ausgedehnte Konzertreisen mit triumphalem Erfolg.

Sicherlich haben viele Menschen solche Auswege aus Krisensituationen nicht geschafft. Sie haben resigniert und vielleicht einen Ausweg in Selbstmord, Alkohol oder Drogen gesucht. Es ist schwer zu sagen, warum es die einen schaffen und die andern nicht. Fragen darf man sich aber: Haben sie es wirklich versucht, sich der Situation zu stellen, sie anzunehmen und zu verarbeiten? Haben ihnen Freunde und Bekannte die nötige Hilfe dazu angeboten? Aus zahlreichen Tagungen, die ich zu diesem Thema gehalten habe, weiß ich, dass viele Teilnehmer die gleiche Erfahrung gemacht haben wie K.B., Chopin, Beethoven oder Verdi. Bewältigte Krisensituationen haben ihr Leben reifer gemacht.

Zum Nachdenken

»Im Anfang war die schöpferische Kraft,
und die schöpferische Kraft war bei Gott.
Die schöpferische Kraft war das wahre Licht,
das alle Menschen erleuchtet;
sie kam in die Welt,
sie war in der Welt,
und die Welt ist durch sie geworden,
und die Welt hat sie nicht erkannt ...

Und die schöpferische Kraft ist Fleisch geworden
und hat unter uns gewohnt,
und wir sahen ihre Herrlichkeit,
eine Herrlichkeit als der Eingeborenen des Schöpfers,
voller Gnade und Wahrheit.«

Matthew Fox nach dem Johannesevangelium (vgl. S. 154f.)

Der Kreislauf des Lebens zwischen Geburt und Tod (Embryo→Kreuz-Symbol) wird auch durch die Jahreszeiten symbolisiert. Die moderne Christusdarstellung überdeckt ein traditionelles Kreuzigungsbild. Dynamische Pinselstriche scheinen sich aufzulösen, zu verflüchtigen. Sie stehen für eine neue, weniger bildhafte Vorstellung von Auferstehung.

4. Weg: Den Kreislauf von Geburt, Leben und Tod in seiner kosmischen Weite sehen

Das Nichts dehnt sich um uns aus.
Aber in diesem Nichts finden wir etwas,
von dessen Existenz wir nichts wussten.

Susan Griffin

Alles im Kosmos wird geboren, lebt und stirbt. Das gilt für die Sterne ebenso wie für Pflanzen, Tiere und den Menschen. Das ist Teil eines Kreislaufes, den wir vielfach in der Natur beobachten und erleben. Die Sonne geht morgens auf, spendet tagsüber Licht und Wärme und geht abends wieder unter. Wir erleben den Frühling mit dem aufbrechenden Leben, den Sommer, die Zeit des Reifens, den Herbst mit seinen Früchten und den Winter als Zeit des Ruhens und der Erholung für die Natur. Diese periodischen Vorgänge wiederholen sich ständig.

Kein Wunder, dass auch wir Menschen unser Leben als solch einen Kreislauf verstehen. Wir werden geboren, reifen langsam heran, geben das Leben weiter an die nächste Generation, erleben den Herbst unseres Lebens und sterben. Wird sich dieser Kreislauf nach dem Tode wiederholen? Das ist die Frage, die sich uns aufdrängt und die uns nicht loslässt. Es ist die Frage nach der Wiedergeburt.

Die Antworten sind unterschiedlich. In den östlichen Religionen – vor allem im Hinduismus und Buddhismus – ist der Glaube an eine Reinkarnation, an eine Wiedergeburt, verbreitet. Walbert Bühlmann hat sich mit diesen Religionen sehr beschäftigt. Er kommt zu der Überzeugung:

Das Kastensystem des Hinduismus »wird religiös gestützt durch die Idee des ›Karma‹. Die Materie, aus der einer geboren ist, die Umwelt, in der er lebt, die Summe seiner eigenen Handlungen: das alles bestimmt sein Schicksal, das er annehmen und durchtragen muss. ... Es bleibt die Hoffnung, auf dem Weg allmählicher Läuterung im Strom der Wiedergeburten die vollständige Einheit mit Gott zu erreichen.«[134]

Buddha predigte keine Glaubenslehre. Er wies einen Weg, den jeder Einzelne durch sein persönliches Bemühen zu gehen hat. »Am Ende des Heilsweges wartet das ›Nirwana‹, das man zu schnell mit dem ›Nichts‹ übersetzt hat. Es bedeutet vielmehr wörtlich das ›Aushauchen‹, das ›Verwehen‹ und sachlich die Befreiung, die Aufhebung allen Leides, die Unsterblichkeit, die Ewigkeit, das ewige Glück.«[135]

Das Christentum glaubt ohne Wiedergeburt auszukommen. Das Leben nach dem Tode beginnt mit der Auferweckung des einzelnen Menschen im Augenblick des Todes. Nach einer persönlichen Läuterung erlangt er die Unsterblichkeit und das ewige Heil. Gott ist der schenkende und verzeihende Vater, der dem Menschen dieses Glück zuteil werden lässt.

Es gibt immer mehr Theologen, die meinen, alle drei großen Religionen machten letztlich gleiche Aussagen über das Leben nach dem Tode. Sie bedienen sich verschiedener Bilder, die mit der entsprechenden Kultur zusammenhängen. Inhaltlich meinen sie das gleiche.

Was sagt die Naturwissenschaft zu solchen Überlegungen? Natürlich nichts. Denn sie kann und darf dazu keine Stellung beziehen. Trotzdem gibt es Überlegungen und Beobachtungen, die uns nachdenklich machen können. Wernher von Braun macht uns darauf aufmerksam:

In der Natur gibt es keine Vernichtung

»In unserer modernen Welt scheinen viele Menschen zu glauben, die Wissenschaft habe »religiöse Gedanken« unzeitgemäß gemacht und man müsse sie daher als überholt betrachten. Die Wissenschaft hat jedoch gerade für den religiösen Skeptiker eine große Überraschung bereit:

Sie sagt eindeutig, dass in unserer Welt nichts – nicht einmal das kleinste Partikelchen – verschwinden kann, ohne eine diskrete Spur zu hinterlassen. Denken Sie einmal einen Augenblick darüber nach, und Ihre Gedanken über Sterblichkeit und Unsterblichkeit werden niemals mehr die gleichen sein. Die moderne Wissenschaft sagt, dass nichts wirklich spurlos verschwinden kann. Die Wissenschaft kennt keine totale Auflösung oder Vertilgung. Alles, was sie kennt, ist Verwandlung...«

Wernher von Braun glaubt daher »an die Fortsetzung unserer geistigen Existenz im Leben nach dem Tode. Denn nichts verschwindet, ohne eine Spur zu hinterlassen, und Vergehen ist nur Verwandlung.«

Eugen Drewermann geht von einem anderen Ansatz aus. Er sagt:

»Die Sehnsucht nach ewigem Leben ist ein Anliegen der Natur. Wir Menschen tragen wesensnotwendig die Sehnsucht nach Unendlichkeit in uns; wir verzehren uns aus Durst nach Unsterblichkeit... Für jemanden, der in der Wüste verdurstet, ist der Durst ein Beweis, dass es Wasser geben muss, selbst wenn an dem Ort, da er lebt, weit und breit kein Wasser zu finden ist. Dass es Durst gibt, zeigt unwiderleglich, dass es Wasser gibt, denn ohne das Wasser gäbe es keinen Durst. Und so ganz analog: dass wir Menschen an Gott denken können, zeigt, dass es ihn gibt, denn sonst würde in unserm Kopf ein solcher Gedanke gar nicht hineinkommen können; und schon weil wir uns nach der Unendlichkeit sehnen, zeigt dies, dass wir aus dem Unendlichen kommen und in das Unendliche gehen.«

5. Weg: Für eine religiöse Heimat offen sein

Die wichtigste Funktion der Wissenschaft ist es,
das Gefühl der kosmischen Religiösität
zu erwecken und lebendig zu erhalten.

Albert Einstein

Vorüberlegung

Das ganze Evolutionsgeschehen ist geprägt von der Tatsache, dass immer komplexere Strukturen entstehen, die zu einer größeren, umfassenderen Einheit führen. Gleichzeitig wächst damit das Bewusstsein, das Selbst-Bewusstsein, das Zusammengehörigkeits-Empfinden und die Verantwortung. Die Menschheit wächst zusammen zu einer großen Weltgemeinschaft. Der Ansatz dazu ist durchaus zu erkennen. Es wird aber nur dann gelingen, wenn auch die Religionen ihren Absolutheitsanspruch relativieren und aufeinander zugehen, wie es etwa vor hundert Jahren auf dem Kongress der Religionen in Chicago geschehen ist.

Fritjof Capra beginnt sein Buch »Der kosmische Reigen«[136] mit Gedanken von Werner Heisenberg:

»Vielleicht darf man ganz allgemein sagen, dass sich in der Geschichte des menschlichen Denkens oft die fruchtbarsten Entwicklungen dort ergeben haben, wo zwei verschiedene Arten des Denkens sich getroffen haben. Diese verschiedenen Arten des Denkens mögen ihre Wurzeln in verschiedenen Gebieten der menschlichen Kultur haben oder in verschiedenen Zeiten, in verschiedenen kulturellen Umgebungen oder verschiedenen religiösen Traditionen. Wenn sie sich nur wirklich treffen, d.h. wenn sie wenigstens so weit zueinander in Beziehung treten, dass eine echte Wechselwirkung stattfindet, dann kann man darauf hoffen, dass neue und interessante Entwicklungen folgen.«

Das westliche naturwissenschaftliche Denken, das zu einem evolutiven Weltbild führte und das östliche meditative und mystische Denken dürften zu solchen interessanten Öffnungen und Entwicklungen führen.

Das soll an zwei Beispielen aufgezeigt werden.

Die kosmische Weite Gottes[137]

Christen bekennen Gott als den »Schöpfer des Himmels und der Erde«. Diese Formulierung umfasst alle Menschen. Auch wenn andere Völker und Stämme »ihren« Gott haben und ihn verehren, dann ist das zwar ein praktischer Polytheismus. Er hat mit Götzenverehrung aber nichts zu tun. Denn, »wann und wo immer Menschen zu ›ihrem‹ Gott beteten, da beteten sie nicht Götzen an, sondern da hat der eine und einzig existierende Gott dieses Beten gehört und angenommen. Es gibt in der Tat nur eine Transzendenz. Man darf also hinter den tausend Namen Gottes, Mungu, Nzambi, Lesa in Afrika, Allah, Brahman, Kame in Asien, immer den einen und einzigen Gott sehen.«[138]

Kein Mensch, keine Kirche und keine Religion kann Gott voll begreifen. Er ist der ganz Andere, auch wenn er sich durch die »Propheten« und »Weisen« der verschiedenen Religionen und durch Christus geoffenbart hat. Diese Offenbarung enthält viel menschliches, kulturelles und zeitgeschichtliches Denken. Israel glaubte, es sei das auserwählte Volk Gottes; die christlichen Kirchen glauben dasselbe von sich. Wenn es nur eine Transzendenz gibt, nur einen Gott, dann sind alle Völker auserwählt. Dann gilt die Liebe Gottes allen Völkern und allen Menschen. Wenn Jesus um die Einheit betet, dann hat er sicherlich diese Einheit gemeint.

Jede dieser Offenbarungen ist die Zusage der erlösenden Gegenwart Gottes in den unterschiedlichen kulturellen Situationen des Menschen und der Völker. Das bedeutet: »Es gibt nur eine Religion, die Religion der Liebe. Es gibt nur eine Sprache, die Sprache des Herzens. Es gibt nur einen Gott – er ist allgegenwärtig ... Wenn ich weiß, dass Gott der Strom ist, der all die verschiedenen Glühbirnen erleuchtet, so bin ich den Glühbirnen gegenüber gleichgültig, die man für so wichtig hält. Wenn man die Aufmerksamkeit den Glühbirnen schenkt, entstehen Parteien und werden Sekten geboren. Ihr müsst den Einen anbeten, der als das Viele erscheint, als das zugrunde liegende Göttliche, das alle Birnen erleuchtet....«[139]

Solche Überlegungen machen die verschiedenen Religionen glaubwürdiger. Sie erleichtern uns den Zugang zu ihnen und schenken uns Sicherheit und Geborgenheit durch den Glauben an den einen Gott, den wir bei unserer Frage nach dem Anfang als das große Geheimnis vermuteten oder erkannten.

Evolution bietet einen neuen Zugang zum christlichen Glauben

Vorüberlegung

Es war Teilhard de Chardin, der uns als Naturwissenschafter und Theologe einen neuen Zugang zum christlichen Glauben erschloss.

In seinem Buch »Wendezeit« schreibt F. Capra: »Teilhard war nicht nur Jesuitenpater, sondern auch ein hervorragender Naturwissenschaftler, der in Geologie und Paläontologie große Leistungen vorweisen kann. Er versuchte, seine naturwissenschaftlichen Einsichten, seine mystischen Erfahrungen und theologischen Doktrinen zu einer zusammenhängenden Weltanschauung zu integrieren... «[140]

Julian Huxley, ein hervorragender Evolutionsbiologe, schreibt über Teilhard: »Sein Einfluss auf das Denken der Welt muss zwangsläufig bedeutend sein. Dadurch, dass er ein weitgefächertes naturwissenschaftliches Wissen mit tiefem religiösem Empfinden ... verbindet, hat er die Theologen gezwungen, ihre Gedanken in der neuen Perspektive der Evolution zu sehen. ... Er hat unsere Sehweise der Wirklichkeit nicht nur erhellt, sondern auch vereinheitlicht.«[141]

Wer war Teilhard de Chardin?

Pierre Teilhard de Chardin wurde am 1. Mai 1882 bei Clermont-Ferrand im französischen Zentralmassiv geboren. Seine Eltern gehörten dem katholischen Landadel an. Im

Jesuitenkolleg Notre Dame de Mongre besuchte Teilhard die Schule. Danach trat er in die Gesellschaft Jesu ein, in der er 1911 zum Priester geweiht wurde. Vor seiner Priesterweihe war er in verschiedenen Ausbildungsstätten seines Ordens in Frankreich und England tätig. Außerdem war er Lektor für Chemie und Physik in Kairo. Nach der Priesterweihe studierte Teilhard Geologie und Paläontologie in Paris. Während des Ersten Weltkrieges wurde er als Sanitäter eingezogen. Danach promovierte er in Paläontologie und übernahm für kurze Zeit in Paris eine Professur am Institut Catholique. Als Paläontologe hatte er Schwierigkeiten mit der Erbsündenlehre der katholischen Kirche, woraus sich ein lebenslanger Konflikt mit dem kirchlichen Lehramt ergab. Nach Teilhard de Chardin lässt sich die Erbsünde mit der Evolution nicht vereinbaren. Wer sich an den »Ursprung und langen Weg des Menschen« (vgl. S. 33-36) erinnert, kann sicherlich seine Bedenken verstehen. Es ist nicht möglich, einen Ort oder eine Person zu finden, bei dem die Erbsünde angesiedelt sein könnte. Auch sind Krankheit und Tod keine Folgen der Erbsünde. Sie gehören mit zur menschlichen Natur, die den Gesetzen des Lebens unterworfen ist[142]. Durch den Konflikt mit dem kirchlichen Lehramt ist Teilhard gezwungen, ins Ausland zu gehen – ins Exil. Wir begegnen ihm in fernöstlichen Ländern und in den USA. Zwischen 1923 und 1946 arbeitet Teilhard vornehmlich in China, wo er sich als Forscher und Expeditionsbegleiter großes internationales Ansehen erwarb. Die Entdeckung des Frühmenschen Sinanthropus pecinensis ist eng mit seinem Namen verknüpft.

In dieser Zeit entstehen bedeutende philosophisch-theologische Essays und vor allem seine beiden Hauptwerke, »Le Milieu Divin«[143] – »Das göttliche Milieu« – und »Le Phénomène Humain«[144] – »Der Mensch im Kosmos«.

Allzu gern hätte er sich mit dem kirchlichen Lehramt verständigt, um die Publikation seiner Werke zu erreichen. Dieser Wunsch blieb ihm leider unerfüllt. Nach dem Zweiten Weltkrieg darf er nach Frankreich zurückkehren. Aber nur für kurze Zeit. Der Konflikt mit der Kirche zwingt ihn, ein weiteres Mal ins Exil zu gehen – dieses Mal nach Amerika. In New York geht er an der Grenner Gren Foundation seiner wissenschaftlichen Arbeit nach, die er durch wichtige Expeditionen nach Südafrika unterbricht.

Am Ostersonntag, 10. April 1955, stirbt Teilhard in New York, wo er in aller Stille beigesetzt wird. Sein Name ist eng verbunden mit dem

Begriff des kosmischen Christus.

Was hat ihn dazu bewogen, die Person Jesu in einen kosmischen Zusammenhang zu stellen? Die Geschichte der Menschheit zeigt, dass das Wissen und das Bewusstsein des Menschen ständig zunehmen. Evolution scheint sich im Bereich des Geistes fortzusetzen. Daher konnte Teilhard in einem seiner wichtigsten Essays das programmatische Wort schreiben: »Ich glaube, dass das Universum eine Evolution ist. Ich glaube, dass die Evolution auf den Geist hingeht. Ich glaube, dass der Geist sich im Personalen vollendet (im Menschen, wird er später hinzufügen). Ich glaube, dass das höchste Personale der Christus-Universalis ist.«[145]

Im Kolosserbrief schreibt Paulus: »Alles ist durch ihn und auf ihn hin geschaffen!«[146] Das bedeutet: Jesus Christus ist das Ziel der Schöpfung. »Teilhard de Chardin wird in seinen Schriften nicht müde, in immer neuen Gedankengängen diesen Entwurf des hl. Paulus und des ganzen Neuen Testamentes auszudrücken: Christus als der Punkt Omega, auf den die ganze Schöpfung zugeht.«[147] Für Teilhard de Chardin ist das Ziel der Evolution nicht einfach der Mensch, wie er tatsächlich bisher bei der Evolution herausgekommen ist. Das Ziel der Schöpfung in Evolution ist der Mensch Jesus Christus. Was Menschsein eigentlich bedeutet, ist an seiner Güte, seiner Wahrhaftigkeit, seinem Erbarmen, seiner Liebe und Hingabefähigkeit und seinem Starkmut im Leiden abzulesen.

Die Gedanken über den kosmischen Christus lassen sich ergänzen – ja vertiefen –, wenn wir die inneren Zusammenhänge des Evolutionsgeschehens berücksichtigen. Wir erinnern uns an das Gesetz, das dem gesamten Evolutionsprozess zugrunde liegt: »Alles wird mit hineingenommen in das Leben der nächsten Stufe. Es wird angenommen, behält aber seine Selbständigkeit und nimmt gleichzeitig am ›Wesen der höheren Stufe‹ teil.« Das bedeutet für die »Mensch-Werdung Gottes« in Jesus: Gott nimmt durch Jesus die Schöpfung an, von der er gesagt hatte »Siehe es ist sehr gut!« Durch ihn erneuert er in besonderer Weise sein Ja zu all dem, was seit dem Urknall entstanden ist – insbesondere sein Ja zu allen Menschen.

Das Portrait von Teilhard de Chardin: Neben einer Abbildung von ihm zeigt die Collage Elemente aus seiner paläontologischen Arbeit in China und beinhaltet eine Anspielung auf seine Auseinadersetzung mit der Erbsündenthematik (vgl. S. 151) in Form eines Kupferstiches von Bruegel (Fegefeuer-Hölle).

So wie die Atome am pflanzlichen, tierischen und menschlichen Leben teilhaben, so soll auch das menschliche Leben am göttlichen Leben teilnehmen. So wie die Atome in das pflanzliche, tierische und menschliche Leben mit hineingenommen sind, so sollen auch wir durch Christus in das göttliche Leben mit hineingenommen werden. Da im Menschen alle früheren (niedrigeren) Stufen von der leblosen Materie über das pflanzliche bis hin zum tierischen Leben enthalten sind, heißt das: mit dem Menschen Jesus nimmt Gott auch die gesamte Schöpfung in sein göttliches Leben hinein.

Unter diesem Gesichtspunkt erhält Christus eine kosmische Dimension: in seinem Mensch-Sein ist die gesamte Schöpfung erfasst, durch sein Gott-Sein rückt er die gesamte Schöpfung in die Nähe Gottes. Als »Nahtstelle« oder »Schaltstelle« verbindet er Schöpfer und Schöpfung. In ihm ist die schöpferische Kraft Gottes Fleisch geworden, wie es Johannes in seinem Hymnus an den kosmischen Christus sagt:

Im Anfang war die schöpferische Kraft,
und die schöpferische Kraft war bei Gott,
und die schöpferische Kraft war Gott.
Sie war im Anfang bei Gott.
Alles ist durch sie geworden,
und ohne sie ist nichts geworden.
Was geworden ist – darin war das Leben,
und das Leben war das Licht der Menschen.
Und das Licht scheint in die Finsternis,
und die Finsternis kann es nicht überwinden.
...
Die schöpferische Kraft war das wahre Licht,
das alle Menschen erleuchtet;
sie kam in die Welt.
Sie war in der Welt,
und die Welt ist durch sie geworden,
und die Welt hat sie nicht erkannt ...
Und die schöpferische Kraft ist Fleisch geworden
und hat unter uns gewohnt,

und wir sahen ihre Herrlichkeit,
eine Herrlichkeit als der Eingeborenen des Schöpfers,
voller Gnade und Wahrheit.[148]

Diese Überlegungen über die Mensch-Werdung Gottes geben dem Tod und der Auferweckung Jesu eine neue Deutung und Bedeutung:

Die kosmische Dimension des Todes und der Auferweckung Jesu
Wir wissen heute: Jesus starb nicht, weil es sein Vater so wollte. In seinem Evangelium berichtet Matthäus, wie Jesus eines Tages seinen Jüngern sagt: »er müsse nach Jerusalem gehen, um von den Ältesten, Hohenpriestern und Schriftgelehrten vieles zu erleiden und getötet zu werden.«[149] Warum? Hans Küng schreibt in seinem Buch »Credo«: »Folgen wir den Quellen, so ging es im Fall Jesu nicht um einen politischen Aufruhr, sondern um eine religiöse Provokation! ... Hinter der politischen Anklage verbarg sich im Grunde eine religiöse. Und diese religiöse Anklage kann den Evangelien zufolge nur mit Jesu kritischer Einstellung zu Gesetz und Tempel und deren Repräsentanten zu tun gehabt haben.«[150]
Der Tod Jesu ist, wie Eugen Biser in einer Fernsehsendung sagte, die letzte Konsequenz seines Lebens und seiner Lehre. »Im Tode Jesu ist definitiv das ans Licht gekommen, was er gelebt hat: die radikale Hingabe an seinen Vater und an seine eigene Sendung zu uns Menschen.« Er starb aus Treue zu seiner Botschaft, die lautet: Gott ist der liebende, schenkende und verzeihende Vater, der unendlich gütige Gott, der uns von unserer Schuld befreit[151]. Gott ist es, der uns erlöst! Er ist es, der uns vergibt!
Es ist das Verdienst Jesu, dass er uns diese befreiende, erlösende und frohmachende Botschaft gebracht hat! Gesetze sind wichtig, auch heute noch. Doch haben sie dort ihre Grenze, wo Liebe und Gerechtigkeit verletzt werden. Es ist das Verdienst Jesu, dass er bereit war, für diese Botschaft – die von seiner »Kirche« nicht akzeptiert wurde –, in den Tod zu gehen. Durch seinen Tod will er uns sagen, ja beschwören: »Alles, was ich euch über meinen und euern Vater gesagt habe, ist wahr! Alles, was ich euch im Umgang mit den Menschen und der Natur vorgelebt habe, kann auch eurem Leben Sinn geben!«

Kein Wunder, dass die Person und Lehre Jesu auch Menschen anderer Religionen faszinieren.

Durch sein Leben, sein Leiden und seinen Tod nimmt Jesus teil am Schicksal der ganzen Schöpfung – vor allem der Menschen. Aus Treue zu seiner Botschaft und aus Solidarität mit der ganzen Schöpfung erlitt er dasselbe Schicksal wie alles Geschaffene, das oft von unsagbarem Leid getroffen wird. Aber dieser kosmische Christus ist nicht nur der Gekreuzigte. Er ist auch der Auferweckte. Deshalb konnte Carsten Bresch[152] sagen: »Der Weg der Evolution ist ein Kreuzweg, sein Ziel aber das kosmische Ostern!« Was mag ihn zu dieser Formulierung bewogen haben? Wer sich – wie er – mit der Evolutionsgeschichte des Lebens beschäftigt, kennt die zahlreichen schmerzhaften »Schicksalsschläge«, die das Leben zu bestehen hatte, aus denen es gestärkt und mit neuem Elan hervorging. In diesem Buch war öfters davon die Rede. Vielleicht hat er an das viele unerklärliche Leid gedacht, das wir in der Tierwelt antreffen, oder an das Leid, das wir Menschen einander und der Natur antun. Vielleicht ist das Ende der gesamten Evolution tatsächlich der Tod, das Ende. Ist deshalb die Schöpfung, die sich in der Evolution entfaltet hat, eine »Fehlleistung Gottes« gewesen? Keineswegs. Denn in der Person Jesu, der die gesamte Schöpfung auf die göttliche Seins-Stufe emporgehoben hat, hat Gott gezeigt, dass er das Scheitern zum guten Ende führen kann.

Es sind die Person und Lehre Jesu, die im Mittelpunkt des christlichen Glaubens stehen. Durch die Überlegungen von Teilhard werden sie in einen größeren – ja in einen kosmischen – Zusammenhang gestellt. Für uns Menschen des 20. und bald des 21. Jahrhunderts sind solche Gedanken ansprechender und überzeugender. Kein Wunder, dass in zahlreichen Bildungshäusern regelmäßig Kurse über Teilhard de Chardin angeboten und angenommen werden. Ist er doch gerade wegen seiner neuen Sicht »zu einem Sammelpunkt für die Hoffnung, das Suchen und den Aufbruch zahlloser Menschen, Christen wie Nichtchristen«[153] geworden, die eine religiöse Heimat suchen und durch ihn gefunden haben.

Epilog: ... zurück zum Anfang!

Der Prolog gibt an, worauf es in diesem Buch ankommen soll. Dort heißt es: »Angesichts der ungeheuren Dimension des Evolutionsprozesses drängen sich die Fragen auf: Wann und warum begann dieser Prozess? Der Mensch seinerseits kommt nicht umhin zu fragen: Welche Rolle spiele ich in diesem Prozess, der ohne mich begann? Was sagt der Prozess über mich aus? Sagt er überhaupt etwas aus? Und was ist mit den Antworten der Religionen? Wie ist in diesem Zusammenhang das christliche Weltbild zu werten, das in Jesus nicht nur einen herausragenden Menschen verehrt, sondern eine kosmische personale Größe, auf die hin die Evolution ausgerichtet ist als Punkt Omega, der als Ende zugleich den Anfang wirkt?«

Wir stellten uns diesen schwierigen Fragen. In kleinen und langsamen Schritten versuchten wir eine Antwort zu finden. Vom Evolutionsprozess ausgehend gingen wir in die Tiefe – ähnlich wie es in einem Spiel geschieht, von dem Kitty Ferguson in ihrem Buch »Gottes Freiheit und die Gesetze der Schöpfung«[154] berichtet. Das Spiel heißt »Pass the Parcel« (›Gib das Paket weiter‹). Es wird von Kindern gerne gespielt. Ein »Paket« ist in buntes Papier gewickelt. Während die Musik spielt, wird es weitergereicht. Hört die Musik auf, entfernt das Kind, bei dem das »Paket« gerade angekommen ist, die erste Schicht. Es findet zur Belohnung ein Bonbon.

Das Spiel geht weiter. Die Musik spielt und das Paket wechselt seinen augenblicklichen Besitzer. Bei jeder Musikpause wird eine weitere Schicht entfernt. Wieder tritt ein Bonbon zu Tage. So geht es weiter. Das »Paket« wird dünner und dünner. In der Mitte befindet sich schließlich eine ganz besondere Überraschung, die dann an alle verteilt wird, die das Spiel mitgemacht haben.

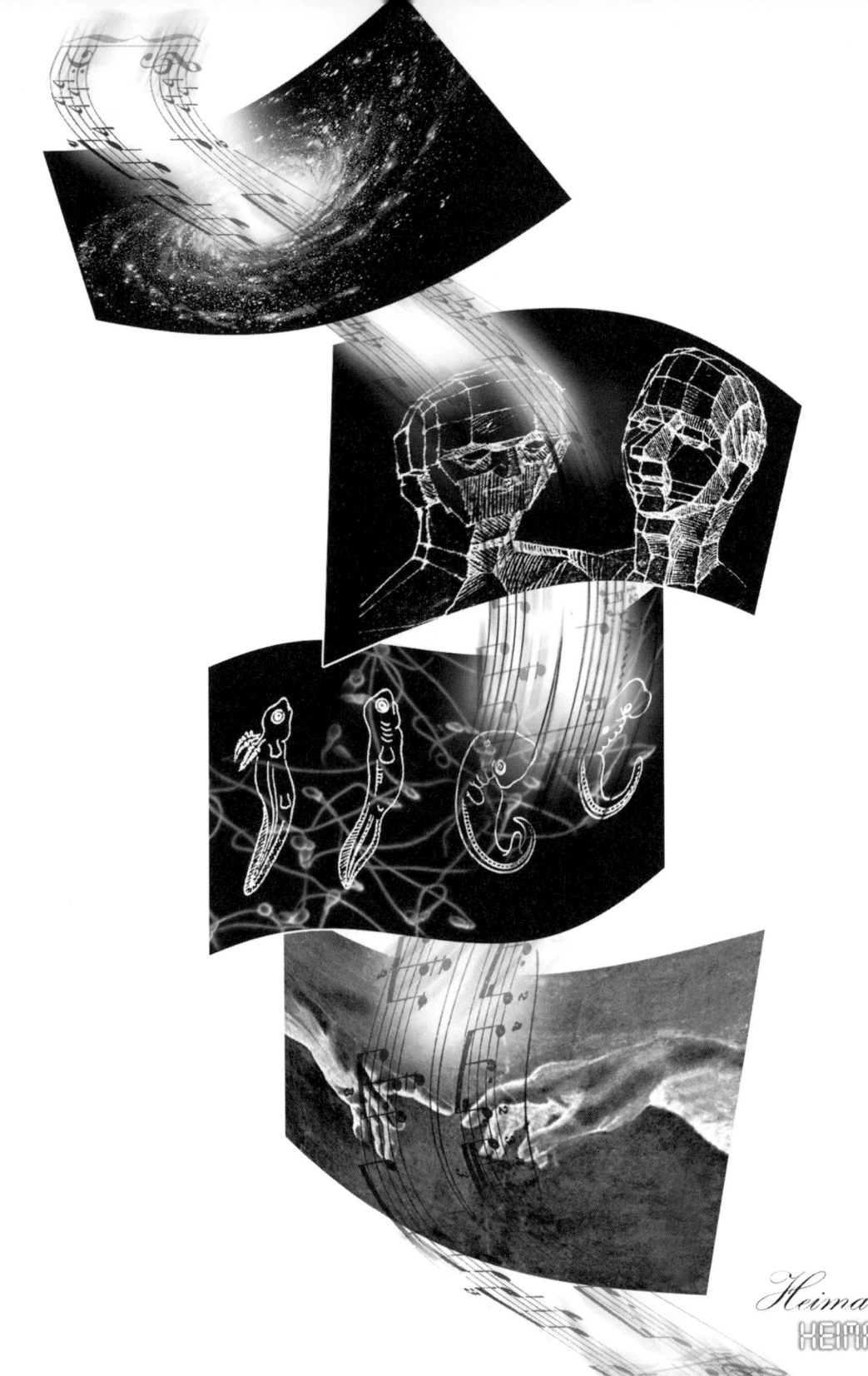

Heimat
HEIMAT

Die erste Schicht unseres »Paketes«

Wie die Kinder in dem Spiel sind wir bei unsern Fragen in die Tiefe gegangen. Eine Schicht nach der andern wurde abgetragen. Vier Schichten waren es. Die erste Schicht enthielt einen Überblick über den gesamten Evolutionsprozess – angefangen beim Urknall bis hin zu uns Menschen. Es ist ein Prozess, der oft in kritische Situationen führte. Ob wir Menschen einen Ausweg gefunden hätten, als z.B. die »Ursuppe« – die Lebensgrundlage der ersten einfachen Lebewesen – »ausgelöffelt« war? Ob wir auf die Idee gekommen wären, die Photosynthese zu erfinden? Die Natur hatte diese Idee und löste damit ihr Existenzproblem.

Die Musik hört auf zu spielen. Was könnte das erste »Bonbon« in unserm Spiel – d.h. bei unsern Überlegungen – sein? Es ist sicherlich die Erkenntnis, dass die Natur aus sich heraus etwas zustande brachte, das wir ihr niemals zutrauen würden. Die Natur war voller Überraschungen. Sie setzte von sich aus einen Prozess in Gang, der Leben, Geist und Freiheit hervorbrachte. – Ob sie nicht auch in Zukunft aus weiteren Sackgassen herausfindet – auch aus denen, die wir Menschen ihr mit viel Phantasie bereiten? Wir dürfen hoffen.

Die zweite Schicht

Unsere Überlegungen gingen weiter. Am Ende der Evolution steht der Mensch, der als einziges Wesen den Prozess erkennen und hinterfragen kann. Durch seine Intelligenz überragt er alles, was bisher geworden ist. Deshalb kann er in den Prozess eingreifen. Er kann ihn im Sinne der Evolution weiterführen. Er kann ihn aber auch zunichte machen. Mit diesen Überlegungen war die zweite Schicht abgetragen.

Die vier Schichten, die mit den vier Teilen des Buches korrespondieren: Die Galaxie repräsentiert die Entstehung des Universums, die geometrisch gezeichneten Köpfe (von A. Dürer) stehen für den Menschen am Ende der Evolution, die dritte Schicht beinhaltet Ideenreichtum und Zielstrebigkeit der Evolution, dargestellt durch Föten und Samenfäden, die vierte Ebene handelt von der Spiritualität, die der Mensch aus diesen Erkenntnissen gewinnen kann, dafür stehen die Hände von Michelangelo. Alle Schichten werden durchdrungen von der Hoffnung, dass wir keine heimatlosen »Zigeuner im All« sind und dass »unsere Musik gehört wird« (vgl. S. 162).

Und das »Bonbon«? Ist es nicht die Erkenntnis oder Tatsache, dass der Mensch alle
Stufen der Evolution in sich trägt und durch seinen Geist zu einer neuen Einheit und
Existenz verhilft? Auch das war eine Idee der Natur, die nicht selbstverständlich ist.
Die leblose Materie, das Leben der Pflanzen und der Tiere werden im Menschen
vereint und auf eine höhere, geistige Stufe erhoben. Die ganze Schöpfung nimmt
dadurch Teil am Geist, den die Evolution im Menschen hervorgebracht hat. Der
Mensch nimmt somit eine besondere, herausragende und verantwortungsvolle Stel-
lung im gesamten Evolutionsgeschehen ein. Das gilt auch für jeden persönlich!

Die dritte Schicht

Die Naturwissenschaft spricht vom Urknall. Er ist der Anfang des Universums.
Wir sind neugierig und wollen wissen: Was kann die Ursache dieses Anfangs
gewesen sein? Mit dieser Frage versuchten wir in unserm Spiel die dritte Schicht des
»Paketes« zu entfernen, um nach dem »Bonbon« zu suchen. Die Gesetze, die dem
gesamten Universum eine Ordnung geben, interessierten uns. Es ist kaum denkbar,
dass sie im Urknall oder durch den Urknall entstanden sind. Für Hawking, Davies
und viele andere Naturwissenschaftler haben die Gesetze ihre eigene, unabhängige
Existenz.

Und was sagt uns der gesamte Evolutionsprozess? Deutet auch er auf eine Instanz
hin, die den Anfang des Universums erklären kann? Unsere Antwort lautete: Ja! Denn:
1. Wenn am Ende dieses Prozesses der Mensch mit seinen geistigen Fähigkeiten steht,
dann muss der Prozess selbst auch mit Geist zu tun haben.
2. Wenn die Natur Ideen hatte, auf die wir geist-begabten Wesen vermutlich oder
sicherlich nicht gekommen wären, dann muss hinter den Ideen Geist stehen. Ideen
sind etwas Geistiges.
3. Wenn der Prozess als Ganzes gesehen eine Richtung hat – auch das haben wir
überlegt –, dann muss es eine Instanz geben, die diese Richtung vorgibt.
Das »Bonbon« in der dritten Schicht unseres Paketes, das Ergebnis unserer Überlegungen fasst Hawking zusammen: »Es ist schwierig, über den Beginn des Universums
zu diskutieren, ohne den Gottesbegriff hinzuzziehen.«[155] Wer an Gott glaubt, findet

in der Evolution eine Bestätigung für seinen Glauben. Wer nicht an Gott glaubt, wird sicherlich nachdenklich. Philosophische Überlegungen können zu der Überzeugung führen, dass dieser Gott, der für Hawking »die Verkörperung der physikalischen Gesetze« bedeutet, mit Leben und Geist zu tun haben muss.

Die vierte Schicht

In den ersten drei Kapiteln dieses Buches versuchten wir, die Welt, in der wir leben, zu erforschen, sie vorwiegend mit unserem Verstand zu erkennen. Wir betrachteten die Entwicklungsgeschichte von ihrem Anfang bis hin zu uns Menschen und versuchten, sie (natur-) wissenschaftlich zu erklären. Immer wieder stießen wir auf Grenzen unserer Erkenntnis. Liegt das an unserm Erkenntnisvermögen? Oder hängt es damit zusammen, dass wir die Natur nicht erkennen können, wie sie in ihrer vollen Wirklichkeit ist? Das gilt vor allem für die Frage und Suche nach einem »tragenden Grund«. Wir stehen vor einem Geheimnis, das wir letztlich nicht begreifen können.

Wie wir uns auf dieses Geheimnis einlassen und mit ihm leben können, das sollten uns die fünf Wege des letzten Kapitels zeigen. Sie sind die Geschenke oder »Bonbons«, die uns unsere Überlegungen bereithalten. Sie können auch der »tragende Grund« unseres Lebens sein.

Die große Überraschung?

Und die große Überraschung, die zu unserem Spiel gehört? Das Paket ist mit unseren vier Schichten noch lange nicht aufgeschnürt. Die Naturwissenschaften werden bei all ihren Fortschritten an kein Ende kommen. Auch wir nicht mit unserem Fragen und Hinterfragen. Kämen wir an ein Ende, so wäre der letzte »tragende Grund«, den wir »Gott« nennen, für unseren menschlichen Verstand zu erkennen. Wäre er dann noch »Gott«? Könnten wir dann noch unsere menschliche Freiheit retten? Auf die »große Überraschung« müssen wir warten. Die Spannung und Erwartung wird unser Leben lang andauern.

Schlusswort zum Nachdenken

Unsere bisherigen Überlegungen
geben uns eine begründete Hoffnung,
dass wir nicht sinnlos
wie »Zigeuner im All« umherirren (Jacques Monod)
und dass es jemanden gibt,
der unsere »Musik« hört.

11. 5. 98

Literaturverzeichnis

Allgeier, Kurt, Das Ende der Unsterblichkeit, München 1984

Atkins, Peter W., Schöpfung ohne Schöpfer, Reinbek bei Hamburg 1984

Altner, Günter u.a., Evolution und Menschenbild, Hamburg 1983

Asimov, Isaac, Wie alles anfing, München 1990

Audretsch, Jürgen, Vom Anfang der Welt, München 1989

Bayer, Christian Hans von, Das Atom in der Falle, Hamburg 1993

Barisch, H., Den Tieren auf der Spur, Würzburg 1975

Barnard, Christian (Hrsg.), Der Mensch und sein Körper, Düsseldorf 1983

Barrow, John D., Die Natur der Natur, Heidelberg 1993

Barrow, John D./Joseph Silk, Die linke Hand der Schöpfung, Heidelberg 1995

Benz, Ernst u.a., Perspektiven Teilhard de Chardins, München 1966

Biesinger, Albert u.a., Gott, der Urknall und das Leben, München 1996

Boschke, F.L., Die Schöpfung ist noch nicht zu Ende, Düsseldorf 1962

Bresch, Carsten, Zwischenstufe Leben, München 1977

Bresch, Carsten u.a., Kann man Gott aus der Natur erkennen?, Freiburg 1990

Breuer, Reinhard, Das anthropische Prinzip, Frankfurt 1984

Broch, Thomas, Pierre Teilhard de Chardin, Mainz 1989

Brockmann, John, Einstein, Frankenstein & Co, Scherzverlag 1986

Bubner, Rudolf, Christologie und Evolution, Stuttgart, 1985

Brunel, Francis, Wir entdecken unsere Welt, Freiburg 1975

Bühlmann, Walbert, Die Wende zu Gottes Weite, Mainz 1991

Bühlmann, Walbert, Wenn Gott zu allen Menschen geht, Mainz 1992

Capra, Fritjof, Der kosmische Reigen, München 1978

Capra, Fritjof, Das Tao der Physik, München 1986

Capra, Fritjof, Wendezeit, München 1988

Capra, Fritjof, Das neue Denken, München 1990

Capra, Fritjof, Wendezeit im Christentum, München 1993

Capra, Fritjof, Lebensnetz, Bern 1996

Chardin, Teilhard de, Die Entstehung des Menschen, München 1963

Chardin, Teilhard de, Geheimnis und Verheißung der Erde, Freiburg 1964

Chardin, Teilhard de, Der Mensch im Kosmos, Münchern 1965

Chardin, Teilhard de, Pilger der Zukunft, Freiburg 1965

Chardin, Teilhard de, Auswahl aus dem Werk, Frankfurt 1967

Chardin, Teilhard de, Aufstieg zur Einheit, Olten 1974

Cardenal, Ernesto, Wir sind Sternenstaub, Wuppertal 1993

Cramer, F.R., Chaos und Ordnung, Die komplexe Struktur des Lebendigen, Stuttgart 1989

Davies, Paul, Gott und die modere Physik, München 1986

Davies, Paul, Die Urkraft, Hamburg 1987

Davies, Paul, Der Plan Gottes, Frankfurt/M 1995

Dawkins, Richard, Der blinde Uhrmacher, München 1987

Diakonia, Die Welt – Schöpfung im Prozess, Freiburg 1986

Dieren, Wouter van, Mit der Natur rechnen, Basel 1995

Ditfurth, Hoimar von, Wir sind nicht nur von dieser Welt, Hamburg 1981

Ditfurth, Hoimar von, So lasst uns denn ein Apfelbäumchen pflanzen, Hamburg 1985

Dürr, Hans Peter, Physik und Transzendenz, München 1986

Dürr, Hans Peter, Das Netz des Physikers, München 1988

Einstein, Albert, Aus meinen späten Jahren, Stuttgart 1984

Einstein, Albert / Infeld Leopold, Die Evolution der Physik, Augsburg 1991

Einstein, Albert, Die Evolution der Physik, Augsburg 1991

Einstein, Albert, Mein Weltbild, Zürich (ohne Jahresangabe)

Ferguson, Kitty, Gottes Freiheit und die Gesetze der Schöpfung, Düsseldorf 1996

Fox, Matthew, Der große Segen, München 1991

Fox, Matthew, Vision vom kosmischen Christus, Stuttgart 1991

Fox, Matthew, Schöpfungsspiritualität, Stuttgart 1993

Fox, Matthew, Revolution der Arbeit, München 1994

Friedman, Herbert, Der Blick in die Unendlichkeit, München 1991

Ganoczy, Alexandre, Suche nach Gott auf den Wegen der Natur, Düsseldorf 1992

Genz, Henning, Die Entdeckung des Nichts, München 1994

Gleick, James, Chaos – die Ordnung des Universums, München 1990

Gordan, Paulus, Lob der Erde, Graz 1994

Greinacher, Norbert, Die Schöpfung seufzt, in: Diakonia, 17. Jahrgang, Heft 4, Juli 1986

Gribbin, John, Auf der Suche nach Schrödingers Katze, München 1987

Hawking, Stephan W., Eine kurze Geschichte der Zeit. Die Suche nach der Urkraft des Universums, Reinbek bei Hamburg 1988

Hitzbleck, Erich, Die Schöpfung als Gottes Offenbarung, Neuhausen-Stuttgart 1982

Hlebs, Josef, Evolution im Licht der Genforschung, in Lebendiges Zeugnis, 41. Jahrgang, Heft 1, März 1986

Illies, Joachim, Adolf Portmann, Freiburg, 1976

Jonas Hans, Philosophische Untersuchungen und metaphysische Vermutungen, Frankfurt/M. 1992

Kanitscheider, Bernulf, Kosmologie, Stuttgart 1984

Kanitscheider, Bernulf, Von der mechanistischen Welt zum kreativen Universum, Darmstadt 1993

Koltermann, Rainer, Schöpfung in Evolution, in: Lebendiges Zeugnis, 41. Jahrgang, Heft 1, März 1986

Layzer, David, Die Ordnung des Universums, Frankfurt/M. 1995

Leakey, Richard/Lewin, Roger, Die sechste Auslöschung, Frankfurt/M. 1996

Löw, Reinhard, Die Neuen Gottesbeweise, Augsburg 1994

Lovelock, James, Das Gaia-Prinzip – Die Biographie unseres Planeten, Frankfurt 1993

Markus, S.M., Der Gott der Physiker, Basel 1986

Meschkowski, H., Was wir wirklich wissen, München 1984

Mohr, Hans, Reflexionen eines Biologen über die Evolutionstheorie, in: Engagment 4/1985

Moltmann, Jürgen, Gott in der Schöpfung, München 1985

Morowitz, Harald J., Die Schöpfung ist kein Zufall, Düsseldorf 1988

Mosis, Rudolf, Weltverständnis – Weltverhalten, Alttestamentliche Schöpfungs-Texte und naturwissenschaftlich-technische Welt, in: Engagment 4/1985

Mutschler, Hans-Dieter, Physik, Religion, New Age, Würzburg 1990

Neumann, Gerd Heinrich, Zum Evolutionsbegriff aus der Sicht der Biologie, in: Engagment 4/1985

Ohlig, Karl-Heinz, Die Welt ist Gottes Schöpfung, Mainz 1984

Oth, René, Gott auf dem Prüfstand, München 1982

Penrose, Roger, Schatten des Geistes, Heidelberg 1995

Pfleiderer, Jörg, Ursprung und Zukunft des Weltalls, Innsbruck 1983

Reader, John/Gurche, John, Aufstieg des Lebens – Die ersten 3,5 Milliarden Jahre, Hamburg 1987

Reitz, Manfred, Leben jenseits der Lichtjahre – die Wissenschaften auf der Suche nach außerirdischen Intelligenzen, Frankfurt/M. 1996

Riedl, Rupert, Evolution und Menschenbild, Hamburg 1983

Sagan, Carl, Unser Kosmos, München 1982

Scheffczyk, Leo, Ursprung und Sinn der Welt, Freiburg 1981, Reihe: Antwort des Glaubens 22

Schiwy, Günther, Teilhard de Chardin, München 1985

Schiwy, Günther, Der kosmische Christus, München 1990

Schmitz Siegfried, Charles Darwin, Hermes Handlexikon, Düsseldorf 1983

Schmitz-Moormann, Karl, Schöpfung und Evolution, Düsseldorf 1992

Schütz, Christian, Naturwissenschaft und Glaube, in: Engagment 4/1985

Shapiro, Robert, Schöpfung und Zufall, München 1987

Sheldrake, Rupert, Das schöpferische Universum, München 1984

Sheldrake, Rupert, Die Wiedergeburt der Natur, München 1991

Sheldrake, Rupert, Das Gedächtnis der Natur, München 1992

Sievernich, Michael, Schuld und Sünde in der Theologie der Gegenwart, Frankfurt/M. 1982

Siewing, Rolf, Evolution, Stuttgart 1987

Terra, Helmut de, Perspektiven Teilhards de Chardin, München 1966

Trefil, James, Im Augenblick der Schöpfung, Basel 1984

Viallet, Francois-Albert, Teilhard de Chardin – Zwischen Ja und Nein, Nürnberg (ohne Jahresangabe)

Viallet, Francois-Albert, Teilhard de Chardin – Zwischen Alpha und Omega, Zürich (ohne Jahresangabe)

Vollmert, Bruno u.a., Schöpfung, Freiburg 1988

Vonessen, Franz, Signaturen des Kosmos, Witzenhausen 1992

Weinberg, Steven, Die ersten drei Minuten, München 1985

Weizsäcker, Carl Friedrich von, Die Zeit drängt, München 1986

Wesson, Robert, Die unberechenbare Ordnung, München 1991

Wilber, Ken, Halbzeit der Evolution, Bern-München-Wien 1987

Anmerkungen

1   Abteilungsleiter Südwestfunk Baden-Baden.

2   E. Cardenal, Wir sind Sternenstaub; Wuppertal, 1993; S. 8.

3   E. Cardenal, a.a.O. S. 37.

4   Über das Alter des Universums gehen die Meinungen auseinander. Für unsere Überlegungen ist es unwichtig, ob das Universum 11-15 oder 15-20 Milliarden Jahre alt ist.

5   Ein Lichtjahr ist die Entfernung, die das Licht in einem Jahr zurücklegt. Diese Entfernung entspricht fast 10 000 000 000 000 km, also 10 Billionen Kilometer.

6   Näheres bei: R. Breuer, Geo Nr 3, März 1996, S. 23.

7   Näheres bei R. Breuer, a.a.O. S. 32.

8   E. Hitzbleck, Die Schöpfung als Gottes Offenbarung, Neuhausen-Stuttgart 1982, S. 84ff.

9   W. Heisenberg, Schritt über Grenzen, München 1973, S. 349.

10   E. Cardenal, a.a.O. S. 48.

11   Wie die Aminosäure entstanden ist, wird S. 52f. erklärt.

12   M. Reitz, Leben jenseits der Lichtjahre – die Wissenschaften auf der Suche nach außerirdischen Intelligenzen, Frankfurt/M. 1996, S. 48.

13   Geo, Hamburg, Januar 1996, S. 54.

14   Näheres bei J. Reader/J. Gurche, Aufstieg des Lebens, Die ersten 3,5 Milliarden Jahre, Hamburg 1987, S. 31.

15   Freier Sauerstoff ist nach F. Capra deshalb schädlich, weil er leicht mit organischer Materie reagiert und dabei zerstörerisch wirken kann.

16   Näheres bei F. Capra, Lebensnetz, Bern 1996, S. 275; Capra beruft sich bei diesen Überlegungen auf Margulis und Sagan.

17   R. Leakey/R. Lewin, Die sechste Auslöschung, Frankfurt / M. 1996, S. 282f

18   Dreiatomige Sauerstoffmoleküle.

19   C. Bresch, Zwischenstufe Leben. Frankfurt/M. 1979, S. 122.

20   E. Cardenal, a.a.O. S. 49.

21   P.M. Perspektive, Das Wunder der Evolution, München (ohne Jahresangabe) S. 28.

22   Näheres zu diesem Thema bei J. Reader, a.a.O. S. 120.

23   Die ersten Menschen; Gerstenberg Verlag 1991, S. 18.

24   Die ersten Menschen; a.a.O., S. 38.

25   C. Bresch, Evolutionslehre und Schöpfungsglaube, in: Diakonia 17. Jahrgang, Heft 4, Juli 1986, S. 119.

26   J. Illies, Der Jahrhundert-Irrtum, Frankfurt/M. 1983, S. 17.

27   R. Wesson, Die unberechenbare Ordnung, München 1991, S. 13f.

28   H. Barisch, Den Tieren auf der Spur, Würzbürg 1975, S. 25f.

29   R. Sheldrake, Das Gedächtnis der Natur, München 1992; S. 332.

30   S. Tabelle 1. S. 28.

31   Näheres bei F. L. Broschke, Die Schöpfung ist noch nicht zu Ende, Düsseldorf 1962, S. 265f.

32   Näheres bei K. Wilber, Halbzeit der Evolution, Bern, München, Wien 1987, S. 37.

33   R. Leakey / R. Lewin, Die sechste Auslöschung, Frankfurt/M. 1996, S. 47f.

34   F. Kapra, Lebensnetz, Bern 1996, S. 264.

35   Zahlreiche weitere Beispiele sind in dem Kapitel »Entstehung und Entfaltung des Lebens«, S. 47ff. enthalten.

36   E. Cardenal, a.a.O. 1993, S. 55.

37   C. Bresch, Zwischenstufe Leben – Evolution ohne Ziel? Frankfurt/M. 1979, S. 9.

38   St. Weinberg, Die ersten drei Minuten, München 1977, S. 212.

39   J. Monod, Zufall und Notwendigkeit, München 1971, S. 219.

40   H.-P. Dürr, Physik und Transzendenz, Bern 1995, S. 32.

41   E. Cardenal, a.a.O. S. 54.

42   Geo, Hamburg, Januar 1996, S. 74ff.

43   Geo, a.a.O. S. 74.

44   Geo, a.a.O. S. 74.

45   Vgl. Geo, a.a.O. S. 90.

46   Chr. Nüsslein-Volhard, Direktorin am Max-Planck-Institut für Entwicklungsbiologie, erhielt für ihre Forschungsarbeiten 1995 den Nobelpreis.

47   E. Hitzbleck, a.a.O., S. 28.

48   R. Wesson, a.a.O., S. 84.

49   Vgl. R. Wesson, a.a.O. S. 84.

50   Einige Beispiele wurden entnommen: E. Hitzbleck, a.a.O.

51   R. Oth, Gott auf dem Prüfstand, Scherz-Verlag 1982, S. 274f.

52   Neurophysiologe und Nobelpreisträger.

53   C. Bresch, Evolutionslehre und Schöpfungsglaube, in: Diakonia 17. Jahrgang, Heft 4, Juli 1986, S. 144f.

54   Institute for Advanced Study in Princeton.

55 H. J. Morowitz, Die Schöpfung ist kein Zufall, Düsseldorf 1988, S. 347f.

56 R. Wesson, a.a.O. S. 356.

57 R. Oth, a.a.O. S. 92f.

58 R. Wesson, a.a.O. S. 358.

59 Man spricht hier von »Feinabstimmung« der Naturkonstanten.

60 P. Davies, Der Plan Gottes, Frankfurt 1995, S. 280.

61 E. Cardenal, a.a.O. S. 55.

62 H. Haber, Die Zeit, München 1987, S. 38.

63 R. Leakey / R. Lewin, Die sechste Auslöschung, Frankfurt/M. 1996.

64 Gaia ist der Name der griechischen Göttin der Erde. Nach der Gaia-Hypothese reguliert die Erde selbst die Lebensentfaltung und sorgt für ein stetiges Gleichgewicht.

65 J. Zink, Kostbare Erde, Stuttgart 1981.

66 K.-H. Ohlig, Die Welt ist Gottes Schöpfung, Mainz 1984, S. 12ff.

67 Die Abkürzung geht auf die ursprüngliche französische Bezeichnung »Conseil européen pour la recherche nucléaire«zurück.

68 Die Abkürzung bedeutet: Deutsches Elektronen-Synchrotron.

69 H.-P. Dürr, Das Netz des Physikers, München 1988, S. 30.

70 Nicht nur die klassischen Naturwissenschaften Physik, Chemie und Biologie beschäftigen sich mit der Chaostheorie, sondern auch die Mathematiker, Ökonomen und Ökologen.

71 Zu den bekanntesten Chaosforschern gehören u.a. Henri Poincaré, Edward Lorenz, Benoit Mandelbrot, James Crutchfield, Norman Packard, Mitschel Feigenbaum und Ilya Prigogine.

72 B.-O. Küppers vom Max-Planck-Institut in: Geo – Wissen Nr. 3, November 1993, S. 29.

73 B.-O. Küppers, a.a.O. S. 30.

74 Geo-Wissen, Chaos und Kreativität, Hamburg 1993, S. 33.

75 J. Gleick, Chaos – die Ordnung des Universums, München 1990.

76 P. Davies, Die Urkraft, Hamburg / Zürich 1987, S. 295.

77 P. Davies, a.a.O., S. 319.

78 P. Davies, a.a.O., S. 136.

79 P. Davies, a.a.O., S. 15.

80 P. Davies, Der Plan Gottes, Frankfurt/M. 1995, S. 99f.

81 P. Davies, a.a.O.

82 P. Davies, a.a.O., S. 93.

83 H.-P. Dürr, Physik und Transzendenz, Bern 1995, S. 34.

84   R. Sheldrake, Das Gedächtnis der Natur, München 1992, S.376.

85   H. Jonas, Philosophische Untersuchungen und metaphysische Vermutungen, Frankfurt/M. 1992, S. 234.

86   R. Sheldrake, a.a.O., S. 375.

87   V. Sommer, in: Geo-Wissen, a.a.O., S. 64.

88   K. Schmitz-Moormann, Schöpfung und Evolution, Düsseldorf 1992, S. 119.

89   V. Sommer, a.a.O. S. 64.

90   V. Sommer, a.a.O. S. 66.

91   C. Bresch u.a., Kann man Gott aus der Natur erkennen? Freiburg 1990, S. 146f.

92   C. Bresch, a.a.O. S. 146f.

93   H.-P. Dürr, Physik und Transzendenz, Bern 1995, S. 301f.

94   Aus: Pallottinerkalender 1982, Limburg, S. 13.

95   F. Deuticke, Der Gottheit lebendiges Kleid, Wien 1982, S. 13.

96   C. Bresch a.a.O., S. 157.

97   C. Bresch a.a.O., S. 157.

98   P. Davies, Der Plan Gottes, Frankfurt/M. 1995, S. 14.

99   P. Davies, Die Urkraft, Hamburg 1987, S. 310f.

100   P. Davies, Der Plan Gottes, Frankfurt 1995, S. 257ff.

101   S. M. Markus, Der Gott der Physiker, Basel 1986, S. 237.

102   G. Altner / C. Bresch u.a., Evolution und Menschenbild, Hamburg 1983, S. 17.

103   Weitere Überlegungen von Einstein befinden sich im 4. Teil des Buches »1. Weg«.

104   Der Spiegel, Hamburg 17.10.1988.

105   St. Hawking, Eine kurze Geschichte der Zeit, Reinbek b. Hamburg, 1988, S. 218, vgl. ders., Die illustrierte kurze Geschichte der Zeit, aktualisierte und erweiterte Neuausgabe, Reinbek b. Hamburg 1997.

106   H.-P. Dürr, Physik und Transzendent, München, 1995, S. 320.

107   S. M. Markus, a.a.O. S. 358.

108   R. Oth, Gott auf dem Prüfstand, Bern und München 1982, S. 271.

109   R. Oth, a.a.O. S. 294.

110   S.M. Markus, a.a.O. S. 147f.

111   H.-P. Dürr, Physik und Transzendenz, München, 1995, S. 37.

112   R. Oth, a.a.O. S. 170f.

113   G. Altner / C. Bresch u.a., Evolution und Menschenbild, Hamburg 1983, S. 11.

114   G. Altner / C. Bresch, a.a.O. S. 16.

115   S.M. Markus, a.a.O. S. 277.

116 R. Sheldrake, Das schöpferische Universum, München 1985.

117 R. Sheldrake, Das Gedächtnis der Natur, München 1990.

118 R. Sheldrake, Wiedergeburt der Natur, München 1991.

119 Psychologie heute, Mai 1992, S. 35.

120 R. Sheldrake, Das Gedächtnis der Natur, München 1992, S. 390.

121 J.S. Trefil, Im Augenblick der Schöpfung, Basel 1984, S. 265-267.

122 Vogt-Russelscher Eindeutigkeitssatz der Theorie des Sternenaufbaus.

123 H. Vogt, Das astronomische Weltbild der Gegenwart, Berlin 1955, S. 102.

124 Bild der Wissenschaft, Hamburg 1995, 4/1995; S. 69.

125 R. Koltermann in: Informationen – Mitteilungsblatt für die Katholischen Schulen in freier Trägerschaft in den Diözesen Fulda, Limburg und Mainz; November 1983; S. 22.

126 H.-P. Dürr, Physik und Transzendenz, München, 1995, S. 301f.; weiterführende Literatur zu diesen philosophischen Überlegungen: H. Jonas, Philosophische Untersuchungen und metaphysische Vermutungen, Frankfurt/M. 1992; Rainer Koltermann, Naturphilosophie, Frankfurt/M. 1985.

127 Schwäbische Zeitung, Leutkirch, 28.7.1995.

128 S. M. Markus, a.a.O. S. 233.

129 C. G. Jung in Einleitung zu: Das Geheimnis der goldenen Blüte, Olten 1971, S. 12.

130 M. Fox, Schöpfungsspiritualität, Stuttgart 1993, S. 22.

131 M. Fox, Vision vom kosmischen Christus, Stuttgart 1991, S. 197.

132 V. E. Frankl, Der Mensch vor der Frage nach dem Sinn, München 1979, S. 48.

133 M. Fox, Der große Segen, München 1991, S. 177.

134 W. Bühlmann, Wenn Gott zu allen Menschen geht, Mainz 1992, S. 119.

135 W. Bühlmann, a.a.O. S. 121.

136 F. Capra, Der kosmische Reigen, München 1978, S. 6.

137 Einige dieser Überlegungen sind entnommen: Walbert Bühlmann, Die Wende zu Gottes Weite, Mainz 1991.

138 W. Bühlmann, a.a.O. S. 66.

139 Einheit ist Göttlichkeit. Auszüge aus Sri Sathya Sai Baba's Reden, Bonn 1986. zitiert nach W. Bühlmann, a.a.O. S. 73.

140 F. Copra. Wendezeit, München 1985, S. 338.

141 H. J. Morowitz, Die Schöpfung ist kein Zufall, Düsseldorf 1988, S. 294.

142 Vgl hierzu im 1. Teil das Thema: »Der Ursprung und lange Weg des Menschen.«

143 1926/27.

144 1938/39.

145   Th. Broch, Pierre Teilhard de Chardin, Mainz 1989, S. 27.

146   Kol 1,16: ... das Ebenbild des unsichtbaren Gottes.

147   R. Koltermann, Schöpfung in Evolution, in: Lebendiges Zeugnis, 41. Jahrgang, Heft 1, März 1986, S. 62.

148   Joh 1, 1-5.10.12.14 – Das »Wort« wurde mit »schöpferischer Kraft Gottes« wiedergegeben, was es in der hebräischen Sprache bedeutet. Entnommen wurde der Text: M. Fox, Der große Segen, S. 50.

149   Mt 16, 21.

150   H. Küng, Credo – Das Apostolische Glaubensbekenntnis – Zeitgenossen erklärt; München 1992, S. 112.

151   Lukas 15, 11-32: Das Gleichnis vom verlorenen Sohn = Das Gleichnis vom unendlich gütigen Gott; Matthäus 20, 1-15. Das Gleichnis vom gleichen Lohn für alle.

152   C. Bresch u.a., Kann man Gott aus der Natur erkennen? Freiburg 1990, S. 119.

153   Th. Broch, Pierre Teilhard de Chardin, in: Unterscheidung, Mainz 1989, S. 27.

154   K. Ferguson, Gottes Freiheit und die Gesetze der Schöpfung, Düsseldorf 1996, S. 40.

155   Zitiert nach K. Ferguson, a.a.O. S. 133.

Register